KB187225

우리 산에서 만나는
버섯 200가지

국립수목원 지음

GEOBOOK 지오북

우리 산에서 만나는
버섯 200가지

발간사*

우리가 살아가고 있는 지구는 무척이나 많은 생물들이 생존하고 있는 공간입니다. 우리가 살고 있는 환경을 '생태계'라고 부르며, 이것은 생산자, 소비자 그리고 분해자로 구성되어 있습니다. 생산자는 보통 녹색식물, 소비자는 동물로 이야기할 수 있습니다. 그리고 분해자는 미생물 즉, 우리가 흔히 산이나 들에서 볼 수 있고 반찬으로 식탁에서 자주 만나는 버섯입니다.

이 버섯 즉, 미생물이 우리 생태계에서 없어진다면 어떤 일이 일어날까요? 식물과 동물들이 지구에 남아있는 무기물을 수백년 내에 모두 다 써버리고, 그 후에는 말라죽은 식물과 동물만 남아 있을 것입니다. 물론 사람도 여기에 포함됩니다.

우리 지구에 버섯이 없다면 식물과 동물의 사체(死體)와 같은 유기물이 다른 생물체가 이용할 수 있는 무기물로 바뀌지 않아 생태계의 가장 중요 기능인 순환 시스템이 작동하지 않게 될 것이고 결국 지구는 아무것도 살아갈 수 없는 환경으로 변할 것입니다.

이처럼 매우 중요한 버섯들은 분해자의 역할 외에 식용, 약용으로

사용되어 인간에게 매우 유익하게 이용되어 왔습니다. 인류는 오래전부터 버섯을 먹어왔고 지금도 많은 사람들이 철마다 나무와 땅에서 자라는 야생 버섯을 귀한 식품으로 선호하고 있으며, 또한 미래에는 대체 식량으로써 우리 인간에게 매우 중요한 자원으로 활용될 수 있습니다.

국립수목원에서는 1990년대부터 '광릉숲'을 대상으로 버섯 연구를 수행하여 왔으며, 최근에는 우리나라 산림지역에 분포하고 있는 버섯에 대한 연구를 수행하고 있습니다. 이번에 현재까지의 연구 결과를 정리하여 우리나라 산에서 흔하게 만날 수 있는 버섯들에 대한 사진과 자라는 곳, 생김새, 색깔, 식용 가능 여부 등에 대한 설명을 수록한 「우리 산에서 만나는 버섯 200가지」를 출판하였습니다.

아무쪼록 본 책자가 산림내 서식하고 있는 버섯에 대한 일반 국민들의 이해를 도울 수 있는 좋은 안내서가 되었으면 합니다.

2009년 12월
국립수목원장

차 례*

이 책을*보는 방법

이 책에는 우리나라 산에서 흔히 볼 수 있는 버섯 200가지를 서식 장소에 따라 크게 나무, 땅, 기타 등으로 나눠 실었다.

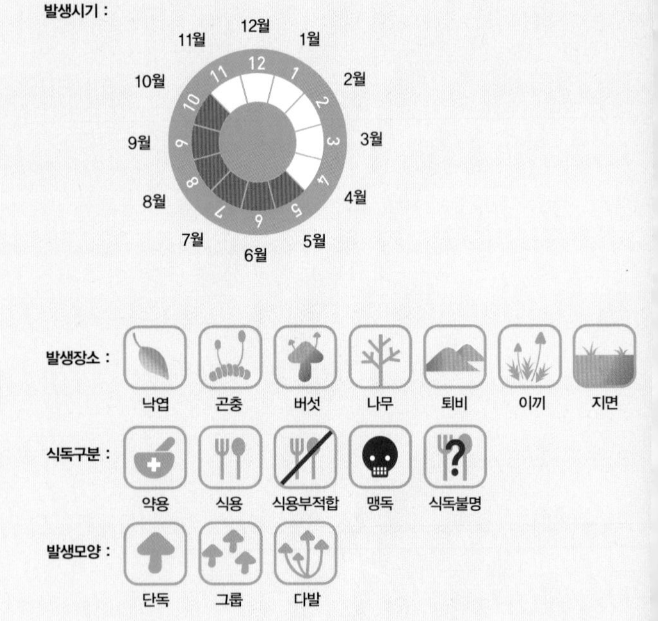

노랑망태버섯 100

Dictyophora indusiata f. *lutea* (Liou & L. Hwang) Kobayasi

생태형 부생균 | 포자문색 담녹색

말뚝버섯과 Phallaceae

발생장소_ 침·활엽수림 내 땅 위에 홀로 또는 무리지어 난다.
버섯형태_ 백색의 '망태버섯'과 같으나 색상이 황색이다. 어린 균은 직경 3.5~4cm로 난형(卵形)~구형, 백색~담자갈색이며, 기부에 두터운 근상균사속(根狀菌絲束)이 있다. 성숙한 자실체는 10~20×1.5~3cm가 된다. 갓은 2.5~4cm로 종형이고, 꼭대기부분은 백색의 정공이 있으며, 표면에 그물망무늬의 융기가 있다. 또한 점액화된 암녹색 기본체가 있어서 악취가 난다. 갓 아래로 10×10cm의 황색 망사 스커트상의 균망(菌網)이 펼쳐진다. 자루는 속이 빈 원통형이며, 황색~백색이고, 기부에는 젤라틴질의 대주머니가 있다.

117

생태사진
우리말 이름
실은순서
학명
과
발생시기
버섯 생태 및 특징
발생모양,
발생장소,
식독구분

용어*설명

버섯과 관련한 용어설명을 그림과 함께 수록하였다.

버섯형태

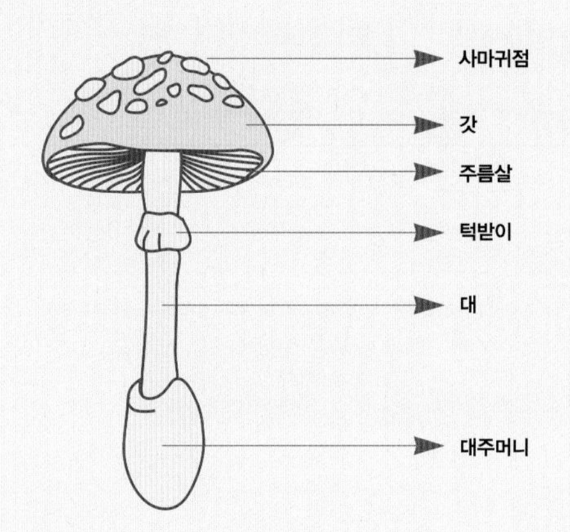

갓이 자루에 붙은 모습

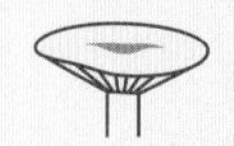
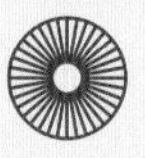

중심생

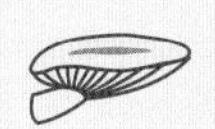
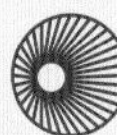

편심생

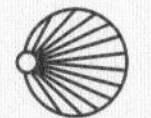

측심생

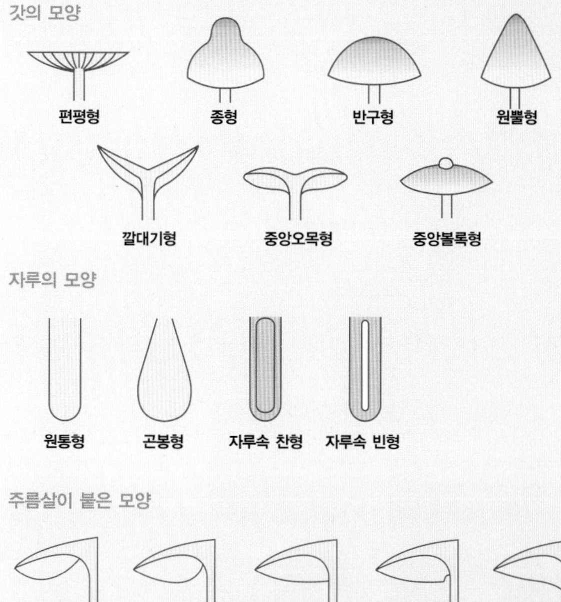
갓의 모양
편평형
종형
반구형
원뿔형
깔대기형
중앙오목형
중앙볼록형
자루의 모양
원통형
곤봉형
자루속 찬형
자루속 빈형

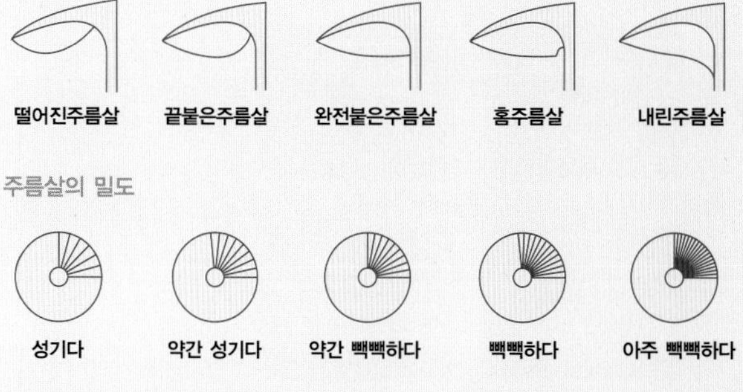
주름살이 붙은 모양
떨어진주름살
끝붙은주름살
완전붙은주름살
홈주름살
내린주름살
주름살의 밀도
성기다
약간 성기다
약간 빽빽하다
빽빽하다
아주 빽빽하다

독버섯 *구별법

우리는 이른 봄부터 늦은 가을까지 전국 산야 어디에서나 버섯의 발생을 관찰할 수 있다. 이러한 야생 버섯은 국내에 총 1,670여 종이 보고되어 있고, 그 중 식용 가능 버섯은 약 320종이며, 인체에 해로운 독버섯 90여 종으로 알려져 있다.

*잘못 알고 있는 독버섯 상식

* 독버섯은 색깔이 화려하고 원색이다.
* 독버섯은 세로로 잘 찢어지지 않는다.
* 독버섯은 대에 띠가 없다.
* 독버섯은 곤충이나 벌레가 먹지 않는다.
* 독버섯은 은수저를 넣었을 때 색깔이 변한다.
* 버섯의 조직에 상처가 났을 때 유액이 나오는 것은 독버섯이다.
* 들기름을 넣고 요리하면 독버섯의 독을 중화시킬 수 있다.

*혼동하기 쉬운 대표적인 식용버섯과 독버섯

느타리

화경버섯

화경버섯은 자루 절단면의 흑갈색의 반점 유무와 갓 표면의 인편과 턱받이의 존재.

큰갓버섯

흰독큰갓버섯

흰독큰갓버섯은 갓표면의 분말상 분질물의 유무와 사마귀점의 중심부에 주로 분포. 갓과 대의 절단면이 담홍색으로 변색.

개암버섯

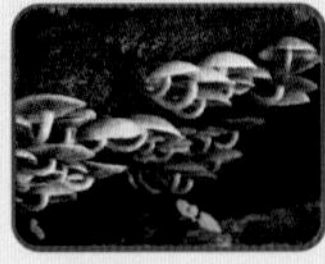

노란다발

노란다발은 조직이 황색이고 쓴맛을 냄.

먹물버섯

두엄먹물버섯

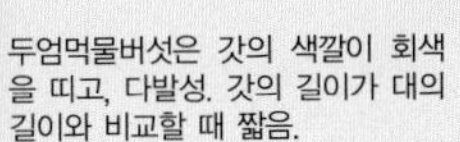

두엄먹물버섯은 갓의 색깔이 회색을 띠고, 다발성. 갓의 길이가 대의 길이와 비교할 때 짧음.

절구버섯

절구버섯아재비

절구버섯아재비는 상처가 나면 조직이 붉은색에서 검정색으로 변하지 않음.

달걀버섯

개나리광대버섯

개나리광대버섯은 갓 표면의 색깔이 황색~연황녹색을 띠고, 대에 색깔 있는 무늬가 없음.

붉은점박이광대버섯

마귀광대버섯

붉은점박이광대버섯은 상처가 나면 조직이 붉은색으로 변하고 마귀광대버섯은 변하지 않음.

싸리버섯

붉은싸리버섯

싸리버섯은 자실체 전체가 옅은 황백색을 띠며, 끝부분은 담홍색~담자색을 띠지만, 붉은싸리버섯은 자실체 전체가 분홍색~다홍색을 띰.

곰보버섯

마귀곰보버섯

마귀곰보버섯의 자실체 표면은 깊은 홈선이 없이 울퉁불퉁하고 적갈색을 띰.

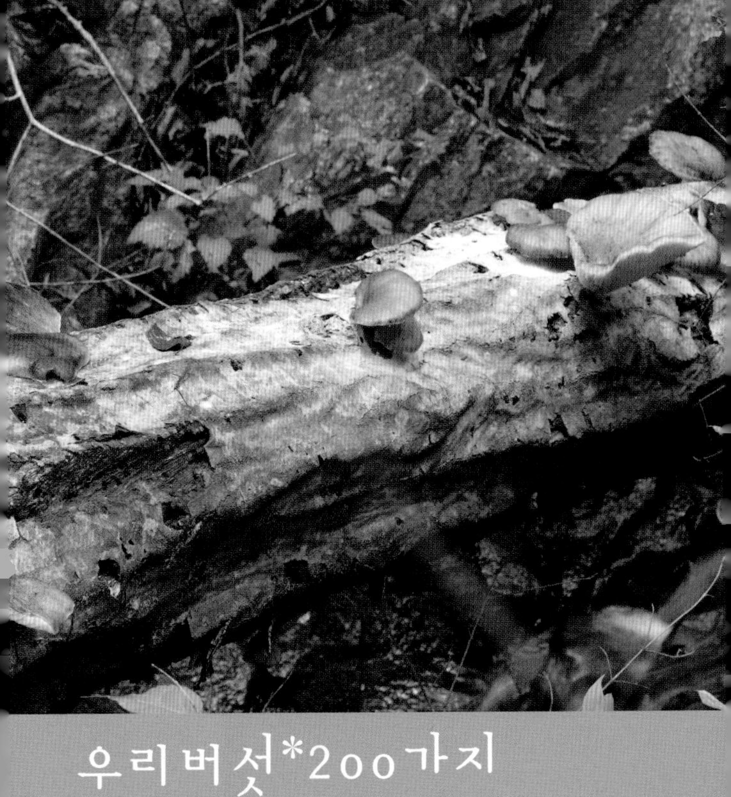

우리버섯*200가지

나무에서 주로 나는 버섯

001 간버섯

Pycnoporus coccineus (Fr.) Bondartsev & Singer

구멍장이버섯과
Polyporaceae

생태형 부생균 | 포자문색 백색

발생장소_ 활엽수(침엽수는 드물다) 고사목, 쓰러진 나무, 그루터기 등에 발생하며, 백색부후를 일으킨다.

버섯형태_ 갓은 직경 3~10cm, 두께 3~7mm, 반원형, 표면은 선명한 주홍색, 후에 색이 바래지고 적색이 옅어진다. 밑면의 자실층은 평활, 조직은 코르크질~가죽질, 밑면의 관공은 짙은 적홍색, 깊이는 1~2mm, 구멍은 6~8개/mm로 미세하다.

갈색꽃구름버섯 002

Stereum ostrea (Blume & T. Nees) Fr.

생태형 부생균 | 포자문색 백색

꽃구름버섯과
Stereaceae

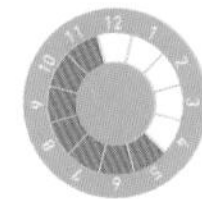

발생장소_ 활엽수 고사목, 쓰러진 나무줄기에 중첩하여 발생한다. 백색부후균이다.

버섯형태_ 자실체는 1년생, 반배착성, 갓은 폭 1~5cm, 두께 0.5~1mm, 반원형~부채형, 표면은 회백색, 적갈색, 암갈색의 고리무늬가 있고, 털이 빽빽하다. 조직은 가죽질이고 백색, 모피(毛皮) 아래에 갈색의 하피(下被)가 있다. 밑면의 자실층은 평활, 갈색~황갈색이다.

003 갈색먹물버섯

Coprinellus micaceus (Bull.) Vilgalys, Hopple & Jacq. Johnson

눈물버섯과
Psathyrellaceae

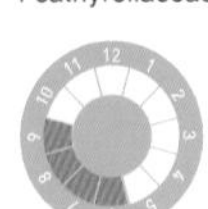

생태형 부생균 | 포자문색 검정색

발생장소_ 활엽수 고사목 줄기, 그루터기, 땅에 묻힌 나무 등에 다발 또는 무리지어 난다.

버섯형태_ 갓은 직경 1~4cm, 달걀형에서 종형~원추형을 거쳐 편평하게 전개하며, 나중에는 갓 끝이 위로 젖혀진다. 표면은 담황갈색이고, 운모(雲母)상의 미세 인편이 덮여 있으나 곧 없어진다. 주름살은 백색 후 흑색으로 되어 액화한다. 자루는 3~8cm × 2~4mm, 백색이고 속이 비었다.

메모_ 어린 자실체만 식용하며 알코올(술)과 함께 섭취하면 중독위험이 있다.

갈색털고무버섯 004

Galiella celebica (Henn.) Nannf.

생태형 부생균 | 포자문색 황색

술잔버섯과
Sarcoscyphaceae

발생장소_ 숲속 쓰러진 나무의 썩은 줄기나 가지에 홀로 또는 다발로 난다.

버섯형태_ 자실체는 크기 3~7×2~5cm, 반구형~역원뿔형이고, 흑갈색이며, 조직에 젤라틴층이 있어 고무처럼 탄력이 있다. 자실층면은 거의 편평하고 약간 오목하다. 외측에는 솜털모양의 균사가 있다.

005 개암버섯

Hypholoma sublateritium (Schaeff.) Quél.

독 청 버 섯 과
Strophariaceae

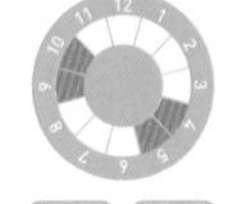

생태형 부생균 | 포자문색 자주색

발생장소_ 활엽수 고사목이나 쓰러진 나무줄기, 그루터기, 땅에 묻힌 나무 등에 다발로 난다.

버섯형태_ 갓은 직경 3~8cm, 반구형에서 거의 편평하게 전개된다. 표면은 점성 없이 약간 습기를 띠고, 갈황색~적갈색, 갓 둘레는 옅은 색이며, 백색의 섬유상 피막을 부착하고 있다. 주름살은 홈생긴형~완전붙은형, 빽빽하고, 황백색~황갈색~자갈색으로 변한다. 자루는 5~13cm×8~15mm, 속이 비었고, 위쪽은 담황색, 아래쪽은 적갈색이며, 섬유상 인편이 있다.

검은비늘버섯 006

Pholiota adiposa (Batsch) P. Kumm.

생태형 부생균 | 포자문색 황토색

독청버섯과
Strophariaceae

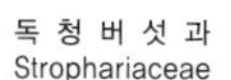

발생장소_ 활엽수류의 고사목이나 쓰러진 나무줄기, 그루터기 등에 무리지어 난다.

버섯형태_ 갓은 직경 8~12cm, 반구형에서 편평하게 전개된다. 표면은 황색이며, 점성이 있고, 건조하면 광택이 있다. 갓 둘레는 담황색이며 전면은 탈락성이고 백색~갈색인 인피가 있다. 주름살은 완전붙은형, 빽빽하고, 담황색~갈색이다. 자루는 5~20cm×5~15mm, 황갈색~갈색의 인편이 빽빽하다. 점성이 있고, 불완전한 섬유상 턱받이가 있다.

007 검정대겨울우산버섯(검정대구멍장이버섯)

Royoporus badius (Pers.) A. B. De

구멍장이버섯과
Polyporaceae

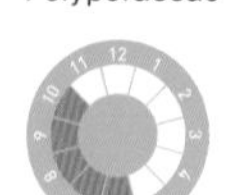
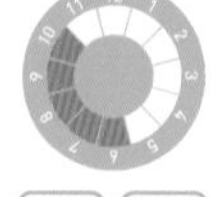

생태형 부생균 | 포자문색 백색

발생장소_ 활엽수 고사목, 쓰러진 나무, 그루터기 등에 발생하며, 백색부후를 일으킨다.

버섯형태_ 갓은 직경 4~15cm, 두께 1~5mm, 원형~콩팥형, 표면은 황갈색~흑갈색, 평활하고 약간 광택이 있다. 조직은 가죽질이고 백색이며, 건조하면 오그라들고 쉽게 꺾어진다. 관공면은 백색, 깊이 1~2mm, 구멍은 둥글고 5~7개/mm로 미세하다.

고깔먹물버섯 008

Coprinellus disseminatus (Pers.) J. E. Lange

생태형 부생균 | 포자문색 검정색

눈물버섯과
Psathyrellaceae

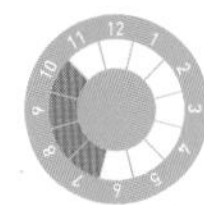

발생장소_ 고사목의 썩어가는 줄기, 그루터기 또는 땅에 묻힌 나무 등에 아주 많은 개체가 무리지어 난다.

버섯형태_ 갓은 직경 1~1.5cm, 달걀형에서 반구형~종형으로 전개된다. 표면은 백색~회색, 미세한 털이 덮여 있고, 방사상 홈 선이 있어 부챗살처럼 된다. 주름살은 백색 후 흑색으로 되지만 액화되지 않는다. 자루는 2~3.5cm×1~2mm, 백색 또는 반투명이며, 미세 털이 덮여 있고, 아주 연약하다.

009 구름버섯

Trametes versicolor (L.) Lloyd

구멍장이버섯과
Polyporaceae

생태형 부생균 | 포자문색 백색

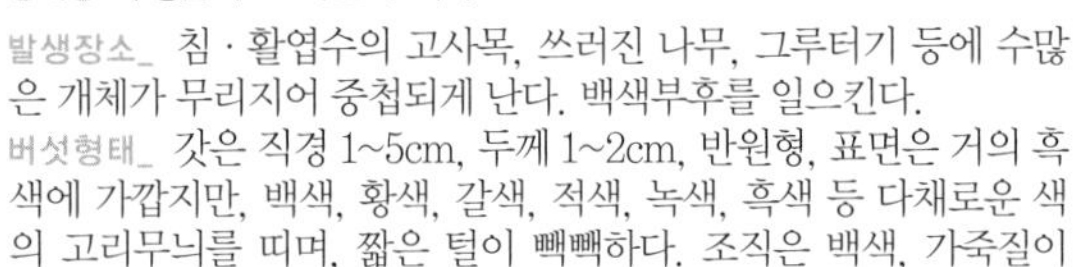

발생장소_ 침 · 활엽수의 고사목, 쓰러진 나무, 그루터기 등에 수많은 개체가 무리지어 중첩되게 난다. 백색부후를 일으킨다.

버섯형태_ 갓은 직경 1~5cm, 두께 1~2cm, 반원형, 표면은 거의 흑색에 가깝지만, 백색, 황색, 갈색, 적색, 녹색, 흑색 등 다채로운 색의 고리무늬를 띠며, 짧은 털이 빽빽하다. 조직은 백색, 가죽질이고, 자실층의 관공의 깊이는 1~2mm이고, 구멍은 원형, 3~5개이다.

구멍장이버섯(개덕다리버섯) 010

Polyporus squamosus (Huds.) Fr.

생태형 부생균 | 포자문색 백색

구멍장이버섯과
Polyporaceae

발생장소_ 활엽수의 고사목과 쓰러진 나무 및 그루터기에 발생하며, 백색부후를 일으킨다.

버섯형태_ 갓은 직경 10~20cm, 두께 1~3cm, 원형~콩팥형, 표면은 담황갈색~회갈색이며, 암갈색~흑갈색의 큰 인편이 있다. 조직은 부드러운 육질에서 단단한 코르크질로 된다. 관공은 내린형이고, 원형에서 방사상으로 늘어져 타원형이 되며, 2~5mm 깊이, 백색~담황색이다. 자루는 편심형으로 굵고 짧으며 단단하다. 기부는 암갈색~흑색이다.

011 금빛진흙버섯(금빛시루뻔버섯)

Phellinus xeranticus (Berk.) Pegler

소나무비늘버섯과
Hymenochaetaceae

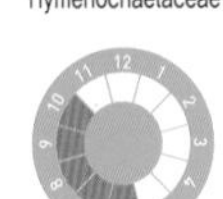

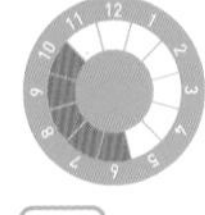

생태형 부생균 | 포자문색 갈색

발생장소_ 활엽수 고사목, 그루터기 등에 무리지어 중첩되게 나며, 백색부후를 일으킨다.

버섯형태_ 자실체는 폭 3~10cm, 두께 2~5mm, 반원형이고 반배착성, 표면은 황갈색의 짧은 털이 덮여 있고, 고리무늬가 있다. 갓 끝은 얇고 선황색, 조직은 얇고 유연한 가죽질이며 2층으로 되어 있다. 밑면은 생육시에는 선황색, 나중에 황갈색이 된다. 관공은 깊이 2~3mm, 구멍은 미세하다.

꽃잎우단버섯 012

Pseudomerulius curtisii (Berk.) Redhead & Ginns

생태형 부생균 | 포자문색 황색

타피넬라과
Tapinellaceae

발생장소_ 소나무 등 침엽수재나 통나무에 중첩되게 나며, 갈색부후를 일으킨다.

버섯형태_ 갓은 직경 2~5cm, 원형, 콩팥형, 부채형으로 자루는 없다. 표면은 평활하며 황색. 갓 끝은 강하게 안으로 말린다. 주름살은 갓보다 짙은 황색, 오래되면 약간 황록색을 띤다. 약간 빽빽하고 방사상으로 배열하며, 심하게 수축하고, 분지하며, 측면에 세로주름이 있다.

013 꽃흰목이

Tremella foliacea Pers.

흰 목 이 과
Tremellaceae

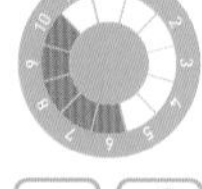

생태형 부생균 | 포자문색 백색

발생장소_ 활엽수의 고사목이나 쓰러진 나무의 줄기나 가지에서 난다.

버섯형태_ 꽃잎모양의 자실체 조각이 서로 중첩하여 꽃다발처럼 된다. 직경 10cm, 높이 6cm 크기이며, 담갈색~적갈색이고, 젤라틴질이다. 자실층은 전체 표면에 생기고, 기부는 단단한 연골질이다.

끈적긴뿌리버섯 014

Oudemansiella mucida (Schrad.) Höhn.

생태형 부생균 | 포자문색 백색

피살라크리아과
Physalacriaceae

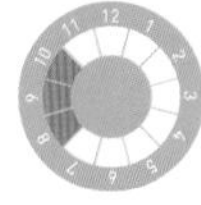

발생장소_ 활엽수류의 고사목이나 쓰러진 나무 등에 흩어져 나거나 몇 개씩 다발로 난다.

버섯형태_ 갓은 직경 3~8cm, 반구형에서 거의 편평하게 전개된다. 표면은 엷은 회갈색 또는 백색이고, 약간 투명하며 점성이 있다. 주름살은 완전붙은형이고 백색이며, 성글다. 자루는 3~7cm × 3~7mm, 위쪽에 백색 막질의 턱받이가 있다.

015 난버섯

Pluteus cervinus var. *cervinus* P. Kumm.

난 버 섯 과
Pluteaceae

생태형 부생균 | 포자문색 분홍색

발생장소_ 활엽수 고사목의 썩은 줄기나 그루터기에 난다.
버섯형태_ 갓은 직경 5~14cm, 거의 편평하게 전개된다. 표면은 회갈색, 방사상 섬유무늬 또는 미세한 인편이 덮여 있다. 주름살은 떨어진형이고 빽빽하며, 백색 후 담홍색이 된다. 자루는 3.5~12cm×6~12mm, 속은 비었고, 백색 바탕에 갓과 같은 섬유무늬가 있다.

너털거북버섯(단풍꽃구름버섯)

Xylobolus spectabilis (Klotzsch) Boidin

생태형 부생균 | 포자문색 백색

꽃구름버섯과
Stereaceae

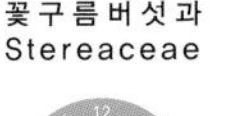

발생장소_ 활엽수 고사목, 쓰러진 나무, 그루터기 등에 발생한다. 백색부후균이다.

버섯형태_ 자실체는 1년생, 아주 많은 개체가 기왓장 배열처럼 중첩하여 난다. 갓은 부채모양이지만 방사상으로 깊숙하게 갈라지고, 건조하면 각 조각은 아래쪽으로 구부러진다. 표면은 담황갈색~적갈색~흑갈색이고, 비단 광택이 있으며, 방사상으로 미세한 선모양 고리무늬가 있다. 자실층은 평활하며 회백색의 미세 분말상이다.

017 넓은솔버섯

Megacollybia platyphylla (Pers.) Kotl. & Pouzar

송이버섯과
Tricholomataceae

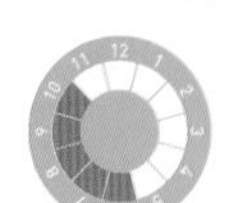

생태형 부생균 | 포자문색 백색

발생장소_ 활엽수 고사목의 썩은 줄기 또는 그루터기에 홀로 또는 무리지어 난다.

버섯형태_ 갓 직경 5~15cm, 반구형에서 중앙오목편평형으로 전개된다. 표면은 회색, 회갈색, 흑갈색 등으로 방사상 섬유무늬를 나타내고, 조직은 백색, 주름살은 홈생긴형, 성기고, 백색이다. 자루는 7~12cm×10~20mm, 백색~회색, 섬유상이며, 기부에 균사속이 있다.

노란귀느타리(귀버섯)

018

Phyllotopsis nidulans (Pers.) Singer

생태형 부생균 | 포자문색 백색

송이버섯과
Tricholomataceae

발생장소_ 활엽수(침엽수) 고사목이나 쓰러진 나무의 썩은 줄기에 중첩되게 무리지어 난다. 목재에 백색부후를 일으킨다.
버섯형태_ 갓 직경 1~8cm, 자루 없이 기주에 부착하고, 반구형, 콩팥형 또는 부채형이고, 갓 끝이 강하게 안으로 말린다. 표면에는 털이 빽빽하고, 선황색~담황색, 주름살은 등황색, 빽빽하고, 조직은 부드러우나 질기다. 건조하면 거의 백색이 된다.

019 노란다발

Hypholoma fasciculare var. *fasciculare* (Huds.) P. Kumm.

독청버섯과
Strophariaceae

생태형 부생균 | 포자문색 자주색

발생장소_ 침·활엽수의 고사목 줄기나 그루터기 등에 다발로 난다.
버섯형태_ 갓은 직경 1~5cm, 반구형에서 중앙볼록편평형으로 전개한다. 표면은 평활하고 흡수성이며, 습기를 띤다. 황색~황록색이며 중앙은 황갈색, 갓 끝에는 내피막 일부가 붙어 있으나 없어진다. 주름살은 홈생긴형~끝붙은형, 빽빽하고, 황색~녹황색~녹갈색으로 변한다. 자루는 2~12cm×2~7mm, 갓과 같은 색이며, 비단 광택이 있고, 거미집모양의 불완전한 턱받이가 있으나 쉽게 없어진다.
메모_ 생활주변에서 흔히 발견되는 버섯으로 중독의 예가 많은 맹독버섯이다.

노루궁뎅이버섯 020

Hericium erinaceus (Bull.) Pers.

생태형 부생균 | 포자문색 백색

산호침버섯과
Hericiaceae

발생장소_ 참나무 등 활엽수의 생입목 및 고사목 줄기에 발생한다. 백색부후균이다.

버섯형태_ 갓은 직경 5~25cm, 반구형이며, 나무줄기에 매달려 붙는다. 윗면에는 짧은 털이 빽빽하지만, 다른 면에서는 1~5cm 길이의 무수히 많은 침을 수염처럼 내려뜨린다. 처음 백색에서 옅은 황갈색으로 되고, 조직은 백색, 부드러운 육질이며, 자실층은 침 표면에 있다.

021 녹청균

Chlorociboria aeruginosa (Oeder) Seaver ex C. S. Ramamurthi, Korf & L. R. Batra

미확정분류과
Incertae sedis

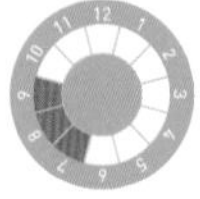

생태형 부생균 | 포자문색 백색

발생장소_ 고사목이나 쓰러진 나무의 줄기, 가지, 그루터기 등에 무리지어 난다.

버섯형태_ 자낭반은 직경 2~6mm, 술잔형~접시형, 청록색이고, 착생하는 기주체도 청록색으로 변색시킨다. 자실층에는 짙은 반점이 있고, 외피층에 털이 있으며, 표면은 과립(顆粒)이 부착되어 거칠다. 자루는 중심생이다.

메모_ '녹청균'과 '변형술잔녹청균'은 형태적으로 아주 유사하지만, 전자는 자실층에 짙은 반점이 있고, 자루가 중심생이며, 포자가 1.5배 정도 길다.

느타리 022

Pleurotus ostreatus (Jacq.) P. Kumm.

생태형 부생균 | 포자문색 백색

느 타 리 과
Pleurotaceae

발생장소_ 활엽수류(일부 침엽수류)의 고사목, 쓰러진 나무, 그루터기 등에 중첩하여 나거나 무리지어 난다. 백색부후를 일으키는 목재부후균이다.

버섯형태_ 갓은 직경 5~15cm, 처음 반구형에서 콩팥형, 깔때기형 등으로 된다. 표면은 평활하고 습기를 띠며, 흑색~회청색을 거쳐 회색, 회갈색, 백색이다. 주름살은 긴내린형이고, 다소 빽빽하며, 백색~회색. 자루는 1~3cm×1~2.5mm, 측생 또는 편심생이고, 기부는 백색의 털이 덮여 있다.

메모_ 널리 재배되는 우리나라의 대표적인 식용버섯이다.

023 덕다리버섯

Laetiporus sulphureus (Bull.) Murrill

잔나비버섯과
Fomitopsidaceae

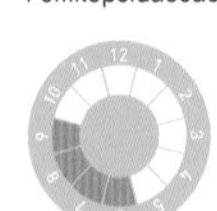

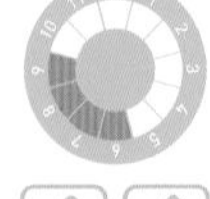

생태형 부생균 | 포자문색 백색

발생장소_ 활엽수류 생입목, 고사목, 그루터기 등에 난다. 심재 갈색부후균이다.

버섯형태_ 자실체는 폭 15~30cm, 두께 1~3cm, 반원형~부채형이다. 표면은 방사상으로 파도상 결이 있고, 황색~선황색, 색이 바래지면 백색~갈색으로 변한다. 갓 둘레는 파도형~갈라진 형, 조직은 육질이고 담홍색이다. 어린 균일 때는 식용하지만, 곧 단단해진다. 자실체의 색과 기주식물(활엽수)을 빼고는 '붉은덕다리버섯'과 같다. 관공의 길이는 5mm 내외이고 구멍은 원형이다.

메모_ 어린 자실체만 식용한다.

등색가시비녀버섯(비녀버섯) 024

Cyptotrama asprata (Berk.) Redhead & Ginns

생태형 부생균 | 포자문색 백색

피살라크리아과
Physalacriaceae

발생장소_ 숲속 활엽수류의 쓰러진 나무나 낙지 등에 난다.
버섯형태_ 갓은 직경 1~3cm, 반구형에서 거의 편평하게 전개된다. 표면은 등황색 바탕에 솜털 같은 주황색 가시가 빽빽이 난 아름다운 버섯이다. 주름살은 완전붙은형 또는 끝붙은형이고, 백색이며 성기다. 자루는 1.5~5cm×2~4mm, 솜털상 또는 섬유상이며, 등황색을 띠고, 뿌리는 부풀고 갓과 동색의 인편이 덮여 있다.

025 말굽버섯

Fomes fomentarius (L.) J. J. Kickx

구멍장이버섯과
Polyporaceae

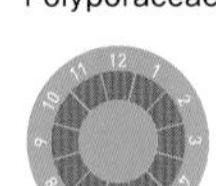

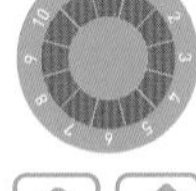

생태형 부생균 | 포자문색 백색

발생장소_ 활엽수류 생입목, 고사목의 줄기나 쓰러진 나무 등에 발생한다. 백색부후를 일으킨다.

버섯형태_ 자실체는 대소 2가지 형이 있다. 대형은 폭 5~50cm, 두께 3~25cm, 반구형~말굽형이고, 딱딱하고 두터운 각피로 덮여 있다. 표면은 회백색~황갈색, 고리무늬와 고리 홈이 뚜렷하다. 조직은 황갈색, 양탄자질, 두께 1~5cm이다. 밑면은 회백색이고 관공은 다층이며, 각층은 0.5~2cm, 구멍은 원형이다. 소형은 폭 3~4cm, 높이 2~5cm로 말굽형~종형, 생장을 나타내는 고리모양 홈과 흑갈색의 고리무늬가 있다.

메꽃버섯부치 026

Microporus vernicipes (Berk.) Kuntze

생태형 부생균 | 포자문색 백색

구멍장이버섯과
Polyporaceae

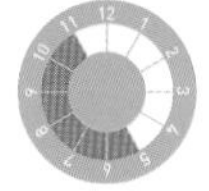

발생장소_ 활엽수의 고사목 줄기나 가지, 낙지에 무리지어 난다.
버섯형태_ 갓은 크기 2~6×1~3cm, 두께 1~2mm, 콩팥형, 표면은 담황백색~황갈색의 희미한 고리무늬가 있고, 평활하며 광택이 있다. 가장자리는 무딘 톱니모양이다. 밑면의 관공은 황백색이고 1mm 깊이, 구멍은 8~9개/mm로 아주 미세하다. 자루는 0.2~2cm×2~4mm로 짧고, 측생~중심생이다.

027 목이

Auricularia auricula-judae (Bull.) Quél.

목 이 과
Auriculariaceae

생태형 부생균 | 포자문색 백색

발생장소_ 활엽수류의 고사목이나 쓰러진 나무줄기에 무리지어 난다.

버섯형태_ 자실체는 직경 3~12cm, 종형, 잔형, 귀형 등 다양한 형태가 있고, 젤라틴질이고, 건조하면 크게 수축한다. 표면은 황갈색~갈색이며, 미세한 털이 빽빽이 덮여 있고, 자실층은 평활하고 불규칙한 연락맥이 있으며, 표면보다 옅은 색이다.

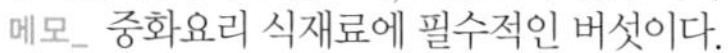

메모_ 중화요리 식재료에 필수적인 버섯이다.

벌집구멍장이버섯(벌집버섯)

028

Polyporus alveolaris (DC.) Bondartsev & Singer

생태형 부생균 | 포자문색 백색

구멍장이버섯과
Polyporaceae

발생장소_ 활엽수 고사목에 발생하며, 백색부후를 일으킨다.

버섯형태_ 갓은 크기 2~6×1~6cm, 두께 2~5mm, 반원형~콩팥형, 표면은 황갈색이며 미세한 인편이 덮여 있고, 털은 없다. 조직은 백색 후 크림색, 부드러운 가죽질이고, 1~2mm 두께. 밑면의 관공은 깊이 1~3mm, 벌집모양이고, 방사상으로 배열된다. 자루는 갓 옆으로 붙고 짧다.

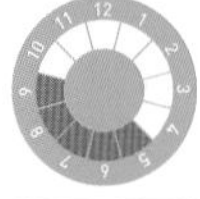

029 벽돌빛버섯

Heterobasidion inqulare (Murrill) Ryvarden

뿌리버섯과
Bondarzewiaceae

생태형 부생균 | 포자문색 백색

발생장소_ 전나무 등 침엽수의 생입목, 고사목의 밑동부위나 그루터기에 중첩되게 발생한다. 근주부후균으로 백색부후를 일으킨다.
버섯형태_ 갓은 폭 2~6cm, 두께 1~1.5cm, 반원형~부정형. 표면은 백색~황백색에서 황갈색~적갈색으로 된다. 방사상으로 주름이 있고, 고리무늬는 희미하다. 조직은 황백색이고 가죽질이다. 밑면은 백색, 관공은 기부가 깊이 1cm, 구멍은 원형에서 미로상으로 되고, 3개/mm이다.

부채버섯 030

Panellus stipticus (Bull.) P. Karst.

생태형 부생균 | 포자문색 백색

애주름버섯과
Mycenaceae

발생장소_ 활엽수류의 고사목이나 그루터기에 중첩하여 난다.
버섯형태_ 갓 직경 1~2cm, 콩팥형, 표면은 담황갈색이고 가장자리는 안으로 말린다. 주름살은 빽빽하고 황갈색이며, 연락맥이 있고, 살은 백색~담황색으로 질기다. 자루는 짧고 측생한다. 강한 매운 맛이 있다.

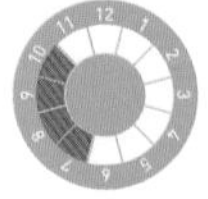

031 불로초(영지)

Ganoderma lucidum (Curtis) P. Karst.

불로초과
Ganodermataceae

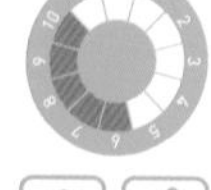

생태형 부생균 | 포자문색 갈색

발생장소_ 활엽수 생입목과 고사목 밑동이나 그루터기에 발생한다. 근주심재 백색부후를 일으킨다.

버섯형태_ 자실체는 10~20×5~10cm, 두께 1~3cm, 전형적인 콩팥형이다. 표면은 다갈색~자갈색~흑갈색이고, 고리 홈이 뚜렷하며, 방사상으로 미세한 주름이 있다. 전면에 각피가 덮여 있고, 니스상의 분비물을 생성, 광택이 있다. 조직은 코르크질, 상하 2층으로 되고, 상층은 백색, 하층은 옅은 황갈색이다. 밑면의 관공 길이는 1cm 정도, 1층이며, 옅은 황갈색, 구멍은 미세한 원형이다. 자루는 5~15×0.5~2cm, 측생~직립생이며 구부러지고, 흑갈색~흑색이다.

빨판애주름버섯(수레바퀴애주름버섯) 032

Mycena stylobates (Pers.) P. Kumm.

생태형 부생균 | 포자문색 백색

애주름버섯과
Mycenaceae

발생장소_ 숲속의 낙엽, 낙지 위에 홀로 난다.
버섯형태_ 갓 직경 0.5cm내외의 작은 버섯. 종형~반구형, 표면은 백색, 중앙은 담회색이고, 습하면 방사상 선이 나타난다. 주름살은 떨어진형, 백색이며 성기다. 자루는 1.5×0.5mm, 담회색이고, 뿌리에 1.5~2mm 크기의 빨판 같은 기반(基盤)이 있다.

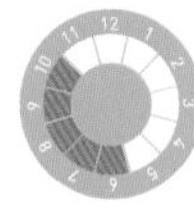

033 뽕나무버섯

Armillaria mellea (Vahl) P. Kumm.

피살라크리아과
Physalacriaceae

생태형 부생균 | 포자문색 백색

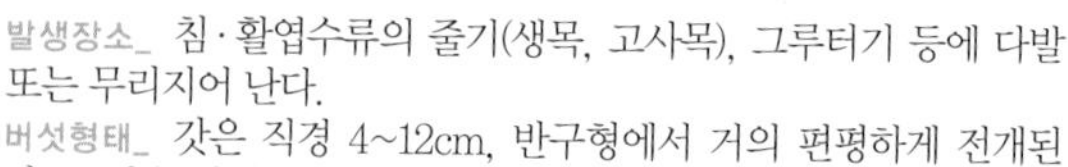

발생장소_ 침·활엽수류의 줄기(생목, 고사목), 그루터기 등에 다발 또는 무리지어 난다.

버섯형태_ 갓은 직경 4~12cm, 반구형에서 거의 편평하게 전개된다. 표면은 황색~갈색, 중앙부에 거스러미상 인편이 빽빽하고 짙은 색이다. 주변부는 방사상으로 선이 있다. 주름살은 끝붙은내린형, 빽빽하고 백색 후 담갈색 얼룩이 생긴다. 자루는 4~15cm×5~15mm, 섬유질이고, 담황갈색~갈색인데, 위쪽은 백색, 아래쪽은 나중에 흑색을 띤다. 막질, 백색~황색의 턱받이가 있다.

메모_ 최근에는 이 균과의 공생관계를 이용하여 약용식물인 천마(*Gastrodia elata*)를 인공재배하고 있다.

뽕나무버섯부치 034

Armillaria tabescens (Scop.) Emel

생태형 부생균 | 포자문색 백색

피살라크리아과
Physalacriaceae

발생장소_ 활엽수류 생입목의 밑동부위, 뿌리 그리고 고사목, 쓰러진 나무, 그루터기 등에 다발로 난다.

버섯형태_ 갓은 직경 4~6cm, 반구형에서 거의 편평하게 전개된다. 표면은 황색이고, 중앙부에 가느다란 인편이 빽빽하다. 주름살은 내린형이고 백색 후 담갈색의 얼룩이 생긴다. 자루는 5~8cm×4~10mm, 섬유질이고, 갓과 거의 같은 색이다.

메모_ 뽕나무버섯과 닮았지만 턱받이가 없는 점이 다르다.

035 산느타리

Pleurotus pulmonarius (Fr.) Quél.

느 타 리 과
Pleurotaceae

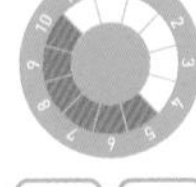

생태형 부생균 | 포자문색 백색

발생장소_ 활엽수류의 고사목, 쓰러진 나무, 그루터기 등에 무리지어 다발로 발생한다.

버섯형태_ 느타리와 닮았으나, 일반적으로 자실체가 작고, 조직이 얇으며, 또 갓의 색이 처음부터 백색이거나 담회갈색에서 백색~담황색으로 되는 점이 다르다. 갓은 직경 2~8cm, 자루는 0.5~1.5cm이나 때로는 없다. 조직은 갓 중앙이 1~3mm, 밀가루 냄새가 나고, 주름살은 약간 빽빽하며, 처음 백색에서 오래되면 크림색~황록색으로 된다.

삼색도장버섯 036

Daedaleopsis confragosa (Bolton) J. Schröt.

생태형 부생균 | 포자문색 백색

구멍장이버섯과
Polyporaceae

발생장소_ 활엽수류 고사목 줄기나 그루터기 등에 중첩하여 난다. 백색부후를 일으킨다.

버섯형태_ 자실체는 2~8×1~4cm, 두께 5~8mm, 반원형~조개형~부채형, 갓 끝은 얇고 예리하다. 표면은 적갈색, 자갈색, 흑갈색 등의 고리무늬와 방사상으로 주름이 있다. 조직은 1~2mm로 얇고, 회백색, 가죽질이다. 밑면의 자실층은 방사상으로 배열된 주름상이고, 회백색~회갈색이다.

037 새둥지버섯

Nidula niveotomentosa (Henn.) Lloyd

주 름 버 섯 과
Agaricaceae

생태형 부생균 | 포자문색 백색

발생장소_ 활엽수의 썩은 나무나 죽은 가지 위에 무리지어 난다.
버섯형태_ 자실체는 0.4~0.5×0.5~1.0cm, 처음 주발모양의 입구는 백색의 막으로 덮여 있지만, 성숙하면 위가 열리고 역 원추형모양으로 된다. 어릴 때는 짧은 털이 덮여 있고, 담회갈색이며, 후에 황갈색으로 변한다. 내피는 평활하고 적갈색이다. 내측에 0.5~0.8mm 크기, 바둑돌모양의 적갈색 소피자(小皮子)가 들어 있다.

솔땀버섯 038

Inocybe rimosa (Bull.) P. Kumm.

생태형 공생균 | 포자문색 갈색

땀버섯과 Inocybaceae

발생장소_ 숲속 땅 위에 홀로 또는 무리지어 난다.
버섯형태_ 갓은 직경 2~6.5cm, 처음 원추형에서 중앙볼록편평형으로 된다. 표면은 섬유상이고 갈황색, 중앙부는 갈색, 방사상으로 갈라진다. 주름살은 끝붙은형 또는 떨어진형이고, 약간 빽빽하며, 회갈색이다. 자루는 3.5~8cm×3~9mm, 위아래 굵기가 같고, 표면은 섬유상이고 갓보다 옅은 색이다.

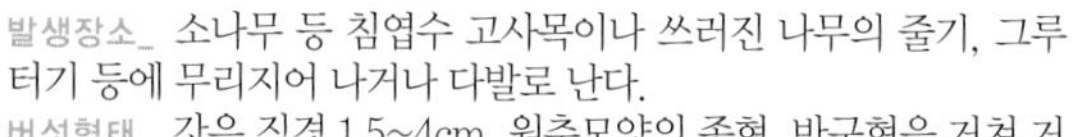

039 솔미치광이버섯

Gymnopilus liquiritiae (Pers.) P. Karst.

독청버섯과
Strophariaceae

생태형 부생균 | 포자문색 갈색

발생장소_ 소나무 등 침엽수 고사목이나 쓰러진 나무의 줄기, 그루터기 등에 무리지어 나거나 다발로 난다.

버섯형태_ 갓은 직경 1.5~4cm, 원추모양의 종형, 반구형을 거쳐 거의 편평하게 전개. 표면은 평활하고 황갈색, 성숙하면 방사상으로 선이 생긴다. 주름살은 완전붙은형, 빽빽하고, 황색~황갈색이다. 자루는 2~5cm×2~4mm, 속은 비고, 표면은 섬유상, 황갈색이다.

솔버섯 040

Tricholomopsis rutilans (Schaeff.) Singer

송이버섯과
Tricholomataceae

생태형 **부생균** | 포자문색 **백색**

발생장소_ 침엽수 고사목의 썩은 줄기나 그루터기 등에 홀로 또는 몇 개씩 다발로 난다.
버섯형태_ 갓 직경 4~23cm, 종형에서 거의 편평하게 전개된다. 표면은 황색 바탕에 적갈색~적색의 미세한 인편이 빽빽하게 덮여 있고, 가죽 감촉이 있다. 조직은 담황색이고, 주름살은 완전붙은형~홈생긴형, 빽빽하며, 황색이다. 자루는 6~20cm×10~25mm, 위아래 굵기가 거의 같고, 황색 바탕에 적갈색의 인편이 있다.
메모_ 체질에 따라 가벼운 설사를 일으키기도 한다.

041 아교버섯

Merulius tremellosus Schrad.

아 교 버 섯 과
Meruliaceae

생태형 부생균 | 포자문색 백색

발생장소_ 침·활엽수류의 썩은 나무줄기나 그루터기에 발생한다. 백색부후를 일으킨다.

버섯형태_ 자실체는 반배착성, 반원형~선반형으로 폭 2~8cm, 두께 2~3mm이다. 표면은 백색 털이 덮여 있고, 관공부는 불규칙한 주름모양 구멍이며, 아교질이고, 담황색~살색, 반투명이고 건조하면 연골질이다.

아교뿔버섯 042

Calocera viscosa (Pers.) Fr.

생태형 부생균 | 포자문색 갈황색

붉은목이과
Dacrymycetaceae

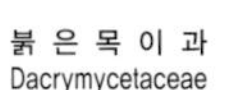

발생장소_ 침엽수의 고사목, 쓰러진 나무, 그루터기 등에 홀로 또는 다발로 난다.

버섯형태_ 자실체는 높이 2.5~5cm, 산호모양, 전체가 선명한 등황색이고, 분지하며, 전체 면이 자실층이다. 가지 끝은 작은 원추형으로 0.5~2mm, 조직은 젤라틴모양의 연골질이다.

043 아까시재목버섯

Perenniporia fraxinea (Bull.) Ryvarden

구멍장이버섯과
Polyporaceae

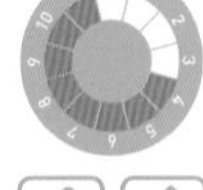

생태형 부생균 | 포자문색 백색

발생장소_ 벚나무, 아까시나무 등 활엽수 생입목의 밑동부위에 중첩되게 난다. 근주심재 백색부후병을 일으킨다.

버섯형태_ 갓은 폭 5~20cm, 두께 0.5~1.5cm, 처음 반구형의 난황색인 혹으로 시작해서, 나중에 반원형으로 편평하게 전개된다. 표면은 적갈색~흑갈색이며, 각피화하고, 희미한 고리무늬와 고리모양 홈이 있다. 갓 둘레 끝부분은 난황색이다. 조직은 코르크질, 담황갈색이고, 관공의 길이는 3~10mm 이고 구멍은 6~7개/mm이다.

옷솔버섯 044

Trichaptum abietinum (Dicks.) Ryvarden

생태형 부생균 | 포자문색 백색

구멍장이버섯과
Polyporaceae

발생장소_ 소나무 등 침엽수 고사목, 쓰러진 나무, 그루터기 등에 무리지어 중첩되게 난다. 변재부에 백색부후를 일으킨다.

버섯형태_ 갓은 직경 1~2cm, 두께 1~2mm, 반배착성이고, 반원형~부채형, 표면은 백색~회백색, 짧은 털이 있고, 희미한 고리무늬가 있다. 조직은 아주 얇고, 아교질을 띠며, 옅은 보라색이나 곧 색이 바랜다. 자실층은 짧고 이빨모양이며, 담홍색~담자색, 구멍은 원형~각형, 2~3개/mm이다.

045 이끼살이버섯

Xeromphalina campanella (Batsch) Maire

애주름버섯과
Mycenaceae

생태형 부생균 | 포자문색 백색

발생장소_ 이끼가 낀 침엽수 고사목이나 그루터기에 다발 또는 무리지어 난다.

버섯형태_ 갓은 직경 0.8~2cm, 종형~반구형에서 오목편평형으로 된다. 표면은 평활하고 황갈색이며, 습하면 방사상 선이 드러난다. 주름살은 끝붙은내린형이며, 황색, 약간 성기다. 자루는 1~3cm × 0.5~2mm, 위쪽은 담황색, 아래쪽은 갈색이다.

잔나비불로초(잔나비걸상버섯) 046

Ganoderma applanatum (Pers.) Pat.

생태형 부생균 | 포자문색 갈색

불로초과
Ganodermataceae

발생장소_ 활엽수 생입목, 고사목에 발생하며, 심재 백색부후를 일으킨다.

버섯형태_ 자실체는 5~30×5~50cm, 두께 10~20(40)cm의 아주 큰 버섯이다. 반원형~말굽형. 표면은 딱딱한 각피로 덮여 있고, 회갈색~회백색, 가끔 적갈색의 포자가 덮여 있다. 생장 과정을 표시하는 고리 홈이 뚜렷하다. 조직은 초콜릿색(자흑색)이고 단단한 양탄자질, 관공면은 신선할 때 황백색~백색이지만 마찰하면 갈변한다. 관공은 다층, 각 층은 1~2cm이다.

047 잣버섯

Neolentinus lepideus (Fr.) Redhead & Ginns

구멍장이버섯과
Polyporaceae

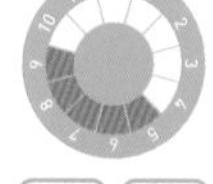

생태형 부생균 | 포자문색 백색

발생장소_ 침엽수 고사목, 쓰러진 나무, 그루터기 등에 홀로 또는 몇 개씩 다발로 난다. 갈색부후를 일으킨다.

버섯형태_ 갓은 크기 5~30cm, 반구형에서 거의 편평하게 전개된다. 표면은 백색~담황색 바탕에 암갈색의 인편이 있다. 주름살은 홈생긴형~내린형이고, 백색, 약간 성기고, 갓 끝은 톱니모양이다. 자루는 2~8×1~2cm, 백색~담황색이고, 갈색의 거스러미모양 인편이 있고, 조직은 백색이며, 소나무향이 있다.

장미잔나비버섯 048

Fomitopsis rosea (Alb. & Schwein.) P. Karst.

생태형 **부생균** | 포자문색 **백색**

잔나비버섯과
Fomitopsidaceae

발생장소_ 활엽수류 고사목, 쓰러진 나무, 그루터기 등에 난다. 갈색부후균이다.

버섯형태_ 자실체는 폭 2~10cm, 두께 1~3cm, 반원형~말굽형~선반형이다. 표면은 회갈색~자홍색, 동심의 둥근 홈이 있고, 갓 둘레는 옅은 연분홍색을 띤다. 조직은 단단한 코르크질, 쓴맛이 있다. 관공은 다층, 각 층은 1~3mm, 구멍은 원형~타원형, 자주색이다.

049 적갈색애주름버섯

Mycena haematopus (Pers.) P. Kumm.

애주름버섯과
Mycenaceae

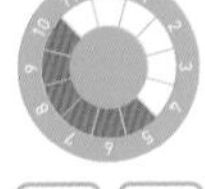

생태형 부생균 | 포자문색 백색

발생장소_ 활엽수의 썩은 나무줄기나 그루터기에 다발 또는 무리지어 난다.

버섯형태_ 갓은 직경 1~3.5cm, 원추형~종형. 표면은 자갈색~적갈색이고, 주변부에 방사상 선이 있으며, 가장자리는 톱니형이다. 주름살은 완전붙은형에 약간내린형이며, 백색 후에 적갈색으로 된다. 자루는 2~13cm×1.5~3mm, 갓과 거의 같은 색이고, 상처가 나면 적색 유액이 나온다.

적색손등버섯 050

Postia tephroleucus (Fr.) Jülich

잔나비버섯과
Fomitopsidaceae

생태형 부생균 | 포자문색 백색

발생장소_ 침·활엽수류 고사목, 쓰러진 나무, 그루터기 등에 난다. 갈색부후를 일으킨다.

버섯형태_ 자실체는 폭 2~8cm, 두께 0.5~2.5cm, 반원형. 표면은 백색, 나중에 약간 황색 빛을 띤다. 털과 고리무늬는 없으며, 조직은 백색, 유연한 육질로 건조하면 가볍고 무르다. 밑면도 표면과 같은 색이고, 관공은 길이 2~10mm, 구멍은 원형으로 아주 작다.

051 점질대애주름버섯

Roridomyces roridus (Scop.) Rexer

애주름버섯과
Mycenaceae

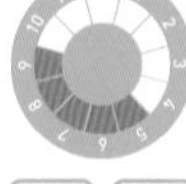

생태형 **부생균** | 포자문색 **백색**

발생장소_ 숲속의 낙엽, 낙지 위에 발생한다.
버섯형태_ 갓 직경 0.4~1.3cm, 반구형, 표면은 회갈색~백황색, 점성은 없고, 습하면 방사상 선이 드러난다. 주름살은 끝붙은형, 성기며, 백색이다. 자루는 1~4.5cm×1mm, 백색~회색이며, 젤라틴질의 점액이 다량 덮여 있다.

접시버섯(주홍접시버섯) 052

Scutellinia scutellata (L.) Lambotte

털접시버섯과
Pyronemataceae

생태형 부생균 | 포자문색 백색

발생장소_ 숲속 쓰러진 나무의 썩은 줄기나 부식질이 많은 땅 위에 무리지어 난다.

버섯형태_ 자실체는 직경 0.3~1cm, 작은 접시모양이며, 밝은 주홍색이고, 가장자리에는 1mm내외의 암갈색 털이 나 있다.

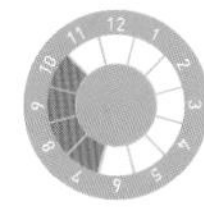

053 제주솔밭버섯(요리솔밭버섯)

Arrhenia epichysium (Pers.) Redhead, Lutzoni, Moncalvo & Vilgalys

송이버섯과
Tricholomataceae

생태형 부생균 | 포자문색 백색

발생장소_ 숲속 고사목의 썩은 줄기, 그루터기 등에 난다.
버섯형태_ 갓은 직경 1~4cm, 중앙이 오목해서 깔때기모양으로 된다. 표면은 짙은 회갈색~황록갈색. 건조하면 옅어진다. 갓 끝은 안으로 말리고, 중앙은 미세한 인편상이다. 주름살은 내린형, 회백색이며 성기다. 자루는 1.5~3cm×1.5~4mm, 갓과 같은 색이고, 기부에 백색 솜털모양 균사가 있다.

조개껍질버섯 054

Pholiota adiposa (Batsch) P. Kumm.

생태형 부생균 | 포자문색 백색

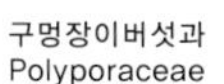

구멍장이버섯과
Polyporaceae

발생장소_ 침·활엽수의 고사목 줄기나 용재, 그루터기에 나며, 백색부후를 일으킨다.

버섯형태_ 갓은 폭 2~10cm, 두께 0.5~1cm, 반원형~조개형, 표면은 짧은 털이 덮여 있고, 황백색~회백색~회갈색~암갈색 등으로 선명한 고리무늬를 나타낸다. 조직은 가죽질이고 백색이며 1~2mm 두께이다. 자실층은 주름상이고, 가끔 분지하여 인접한 주름과 연결된다. 또한 방사상으로 배열되고, 백색~황백색이지만 노화되면 담흑색으로 된다.

055 족제비눈물버섯

Psathyrella candolleana (Fr.) Maire

눈물버섯과
Psathyrellaceae

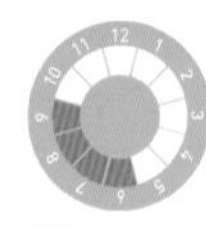

생태형 부생균 | 포자문색 흑색

발생장소_ 활엽수 고사목의 줄기나 그루터기 등에 무리지어 난다.
버섯형태_ 갓은 직경 3~7cm, 종형에서 거의 편평하게 전개된다. 표면은 평활하며 담황갈색. 점성은 없고, 갓이 열리면서 백색의 피막이 갓 끝에 부착하지만 탈락하기 쉽다. 주름살은 빽빽하고, 백색 후 자갈색으로 된다. 자루는 4~8cm×4~8mm, 속은 비고, 백색이며, 턱받이는 없다.

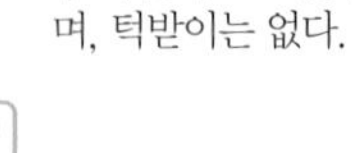

좀나무싸리버섯 056

Clavicorona pyxidata (Pers.) Doty

생태형 부생균 | 포자문색 백색

솔방울털버섯과
Auriscalpiaceae

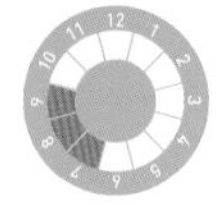

발생장소_ 숲속 쓰러진 나무(주로 침엽수)의 썩은 줄기나 그루터기에 발생한다.

버섯형태_ 자실체는 높이 4~15cm, 산호형이며, 나뭇가지모양으로 분지한다. 가지 끝은 잔형이고, 1마디에서 3~6가지를 내며, 계속 반복된다. 처음에는 담황갈색, 자라면서 또 접촉하면 적갈색으로 된다. 조직은 백색이다.

057 좀벌집구멍장이버섯(좀벌집버섯)

Polyporus arcularius (Batsch) Fr.

구멍장이버섯과
Polyporaceae

생태형 부생균 | 포자문색 백색

발생장소_ 활엽수의 고사목과 쓰러진 나무 및 그루터기에 발생하며, 백색부후를 일으킨다.

버섯형태_ 갓은 직경 1~8cm, 두께 1~4mm, 원형~깔때기형, 표면은 황백색~담황색이며, 거스러미모양의 인편이 있다. 조직은 부드러운 가죽질, 밑면의 관공면은 백색~크림색, 구멍은 방사상으로 늘어진 타원형이며, 1~2mm 깊이이다. 자루는 1~4cm×2~3mm, 중심생이다.

주름버짐버섯 058

Pseudomerulius aureus (Fr.) Jülich

생태형 부생균 | 포자문색 황색

타피넬라과
Tapinellaceae

발생장소_ 수피가 벗겨진 침엽수류의 썩은 나무에 발생하며, 갈색 부후를 일으킨다.

버섯형태_ 배착성(背着性)이지만 둘레가 약간 반전하여 일어난다. 자실층면은 구김이 있는 주름상이다. 색은 황색~등황색, 오래되면 짙은 황갈색으로 변한다.

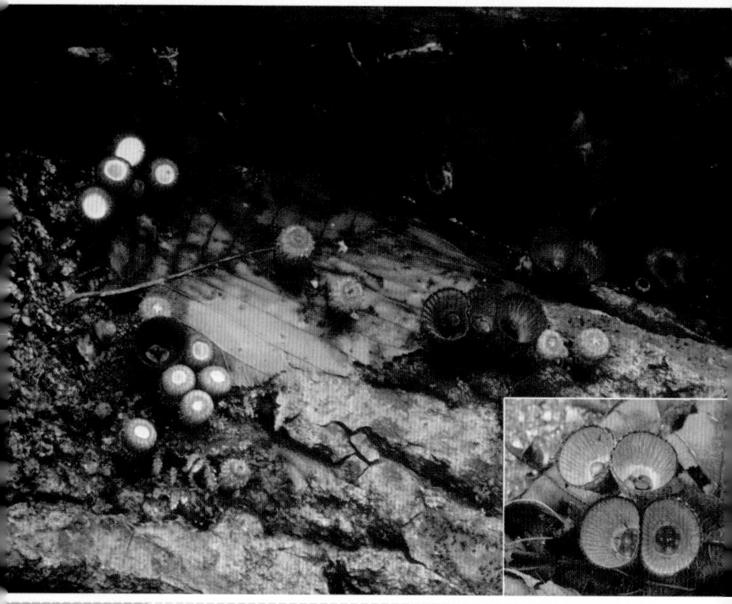

059 주름찻잔버섯

Cyathus striatus (Huds.) Willd.

주름버섯과
Agaricaceae

생태형 부생균 | 포자문색 백색

발생장소_ 유기질이 많은 땅 위나 썩은 가지 위에 무리지어 난다.
버섯형태_ 자실체는 직경 0.6~0.8cm, 높이 0.8~1.3cm, 역원추형이고 기부에 짧은 자루가 있다. 외피는 갈색~암갈색의 털이 빽빽하고, 내피에는 회색~회갈색의 세로줄이 있다. 내부에는 바둑돌모양의 직경 1.5mm 크기의 소피자(小皮子)가 여러 개 들어 있다.

차가버섯 060

Inonotus obliquus (Ach. ex Pers.) Pilát

생태형 부생균 | 포자문색 갈색

소나무비늘버섯과
Hymenochaetaceae

발생장소_ 자작나무 등 활엽수의 생목이나 고사목에 발생한다. 백색부후균이다.

버섯형태_ 자실체는 배착성, 수피아래에 형성되고, 일반적으로 관찰되는 것은 균핵(菌核)이다. 균핵의 표면은 흑색, 면이 거칠어 탄(炭)모양이고, 내부는 황갈색, 목질이며, 건조하면 쉽게 부서지고 떨어진다. 관공의 구멍은 미세하고 암갈색이다.

061 참부채버섯

Panellus serotinus (Schrad.) Kühner

애주름버섯과
Mycenaceae

생태형 부생균 | 포자문색 백색

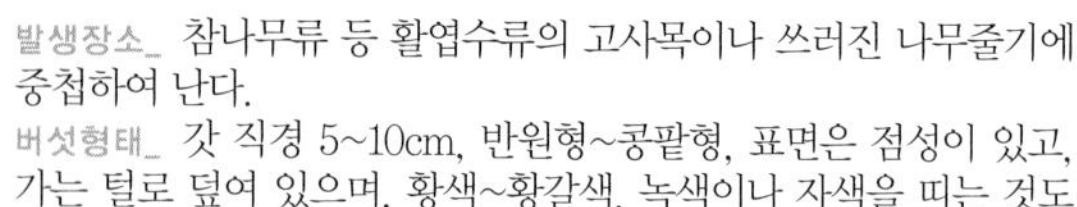

발생장소_ 참나무류 등 활엽수류의 고사목이나 쓰러진 나무줄기에 중첩하여 난다.

버섯형태_ 갓 직경 5~10cm, 반원형~콩팥형, 표면은 점성이 있고, 가는 털로 덮여 있으며, 황색~황갈색, 녹색이나 자색을 띠는 것도 있다. 주름살은 빽빽하며 황백색이다. 자루는 1.5~3cm × 15~40mm로 굵고 짧으며, 편심생(偏心生)이고, 황갈색이며 짧은 털이 있다.

메모_ 독버섯인 화경버섯과 유사하여 주의가 필요하다.

참흰목이(흰목이) 062

Tremella fuciformis Berk.

생태형 부생균 | 포자문색 백색

흰 목 이 과
Tremellaceae

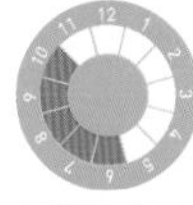

발생장소_ 활엽수의 고사목이나 쓰러진 나무의 줄기, 가지에 난다.
버섯형태_ 꽃잎모양의 자실체 조각이 서로 중첩하여 꽃다발처럼 된다. 직경 10cm, 높이 5cm 크기이며, 백색이고 반투명이며 젤라틴질이다. 건조하면 단단한 연골질, 자실층은 표면에 생긴다.

063 치마버섯

Schizophyllum commune Fr.

치마버섯과
Schizophyllaceae

생태형 부생균 | 포자문색 백색

발생장소_ 침·활엽수 고사목, 벌채한 통나무 및 그루터기, 가옥 용재 등에 흔하게 무리지어 나며, 중첩되게 난다.

버섯형태_ 갓은 직경 1~3cm, 자루 없이 갓 일부가 기주에 부착하며, 부채모양 또는 원형이고, 때로는 손바닥모양으로 갈라진다. 표면은 거친 털이 빽빽하며, 백색~회색 또는 회갈색이다. 가장자리를 종으로 찢으면 2매씩 중첩된 것처럼 보인다. 주름살은 백색~회색 또는 약간 자색을 띠고, 조직은 가죽질이고, 건조하거나 젖으면 수축한다.

메모_ 부후력은 약하지만 벌채목 등에 가장 빨리 발생하는 균의 하나로, 백색부후를 일으킨다.

침비늘버섯 064

Pholiota squarrosoides (Peck) Sacc.

생태형 부생균 | 포자문색 황토색

독청버섯과
Strophariaceae

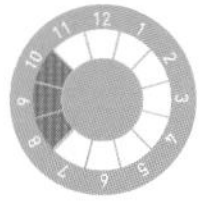

발생장소_ 활엽수의 쓰러진 나무, 그루터기 등에 다발로 난다.
버섯형태_ 갓은 직경 3~13cm, 반반구형에서 편평하게 전개된다. 표면은 점성이 있고, 백색~담황색, 가시모양의 똑바로 선 인편이 빽빽하다. 인편은 비에도 잘 떨어지지 않는 영구성이다. 주름살은 완전붙은형, 빽빽하며, 황백색, 자루는 5~15cm×5~14mm, 솜조각 같은 턱받이가 있고, 그 아래쪽에는 갓과 같은 인편이 있다.
메모_ 체질에 따라 중독을 일으킬 수 있다.

065 콩꼬투리버섯(다형콩꼬투리버섯)

Xylaria polymorpha (L.) Grev.

콩꼬투리버섯과
Xylariaceae

생태형 부생균 | 포자문색 검정색

발생장소_ 활엽수 고사목, 땅에 묻힌 나무나 썩은 뿌리 등에 홀로 난다.

버섯형태_ 자실체는 높이 3~7cm, 흑색, 자실체의 끝부분은 사슴뿔 모양으로 분지한다. 기주와 접해 있는 기부 쪽에는 짧고 가는 털이 빽빽하고, 윗부분에는 흰 가루모양의 분생포자가 덮여 있다. 조직은 흰색이고 질기고 단단하다.

콩버섯 066

Daldinia concentrica (Bolton) Ces. & De Not.

생태형 부생균 | 포자문색 검정색

콩꼬투리버섯과
Xylariaceae

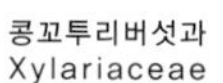

발생장소_ 활엽수 고사목이나 쓰러진 나무의 줄기 위에 무리지어 난다.

버섯형태_ 자실체(자좌)는 직경 1~3cm, 반구형~불규칙한 혹모양, 표면은 흑갈색~흑적색, 후에 포자의 방출로 흑색 분말이 덮인다. 단면을 보면 외피층은 약간 탄질이고, 여기에 자낭각이 있다. 조직은 흑갈색~흑색이고 섬유질이며, 폭 1mm 정도 간격의 동심원상 고리무늬가 있다.

067 턱받이금버섯(갈황색미치광이버섯)

Phaeolepiota aurea (Matt.) Maire

주 름 버 섯 과
Agaricaceae

생태형 부생균 | 포자문색 황토색

발생장소_ 활엽수류 생나무 및 죽은 나무의 밑동 또는 그 주변에 다발로 난다.

버섯형태_ 갓은 직경 5~15cm, 반구형에서 거의 편평하게 전개된다. 표면은 황금색~갈등황색이고, 가는 섬유상 세로줄이 있다. 주름은 빽빽하고 처음 황색에서 갈색으로 변한다. 자루는 5~15cm, 뿌리 쪽이 두터우며, 갓보다 옅은 섬유상 세로줄이 있다. 위쪽에 황색 막질의 턱받이가 있다.

메모_ 치명적인 독버섯은 아니지만 환각, 환청 등 정신이상을 일으킨다.

털목이 068

Auricularia polytricha (Mont.) Sacc.

생태형 부생균 | 포자문색 백색

목 이 과
Auricularriaceae

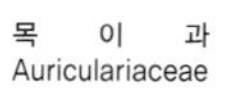

발생장소_ 활엽수류 고사목이나 쓰러진 나무줄기에 무리지어 난다.
버섯형태_ 자실체는 직경 4~8cm, 잔형, 귀모양 등을 나타내며, 젤라틴질이다. 인접한 자실체와 서로 유착하는 경우가 많고, 건조하면 크게 수축한다. 갓 윗면은 회백색이며, 짧은 털이 빽빽이 덮여 있고, 아래의 자실층은 평활하며, 갈색~자갈색이다.

069 털작은입술잔버섯

Microstoma floccosum var. *floccosum* (Schwein.) Raitr.

술잔버섯과
Sarcoscyphaceae

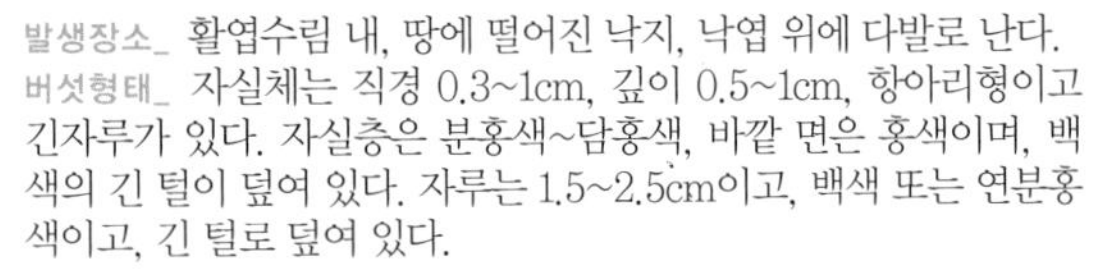

생태형 부생균 | 포자문색 백색

발생장소_ 활엽수림 내, 땅에 떨어진 낙지, 낙엽 위에 다발로 난다.

버섯형태_ 자실체는 직경 0.3~1cm, 깊이 0.5~1cm, 항아리형이고 긴자루가 있다. 자실층은 분홍색~담홍색, 바깥 면은 홍색이며, 백색의 긴 털이 덮여 있다. 자루는 1.5~2.5cm이고, 백색 또는 연분홍색이고, 긴 털로 덮여 있다.

팽나무버섯(팽이버섯) 070

Flammulina velutipes (Curtis) Singer

생태형 부생균 | 포자문색 백색

피살라크리아과
Physalacriaceae

발생장소_ 활엽수류 고사목, 쓰러진 나무, 그루터기 등에 다발로 난다.

버섯형태_ 갓은 직경 2~8cm, 반구형에서 거의 편평하게 전개된다. 표면은 황색~황갈색이고 점성이 강하다. 조직은 백색, 주름살은 끝붙은형, 백색이며 성기다. 자루는 2~9cm×2~8mm, 황갈색~암갈색, 짧은 털이 빽빽이 덮여 있어, 우단상이다.

메모_ 국내에 인기 있는 재배버섯 중의 하나이다. 이른 봄과 늦가을에 채집되는 야생버섯은 더욱 깊은 풍미가 있다.

071 표고

Lentinula edodes (Berk.) Pegler

낙엽버섯과
Marasmiaceae

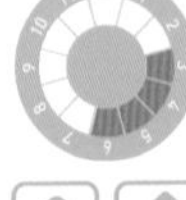

생태형 부생균 | 포자문색 백색

발생장소_ 참나무류 등 활엽수 고사목, 쓰러진 나무, 그루터기 등에 홀로 또는 무리지어 난다.

버섯형태_ 갓은 직경 4~10(20)cm, 반구형에서 편평하게 전개된다. 표면은 담갈색~흑갈색이고, 가끔 얕게 또는 깊게 갈라져서 생긴 인편이 덮여 있거나 거북등모양으로 된다. 조직은 치밀하고 탄력성이 있으며 백색이다. 건조하면 특유의 강한 향이 있다. 주름살은 끝붙은형이거나 홈생긴형이고, 빽빽하며 백색이다. 오래되면 갈색의 얼룩이 생긴다. 자루는 3~10cm×10~20mm, 기부 쪽으로 약간 가늘어지고, 턱받이 위쪽은 백색, 아래쪽은 백색~갈색이며 섬유상~인편상이다.

푸른손등버섯(푸른개떡버섯) 072

Postia caesia (Schrad.) P. Karst.

생태형 부생균 | 포자문색 백색

잔나비버섯과
Fomitopsidaceae

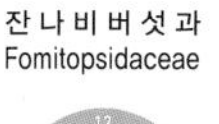

발생장소_ 침·활엽수류 고사목, 쓰러진 나무, 그루터기 등에 난다. 갈색부후를 일으킨다.

버섯형태_ 자실체는 폭 1~6cm, 두께 0.5~2cm, 반원형. 표면은 미세한 털이 덮여 있고, 백색~황갈색이며, 때때로 청색을 띤다. 조직은 희고 유연한 육질, 건조하면 무른 코르크질로 된다. 밑면의 관공은 2~10mm로 길고, 백색, 후에 청색을 띤다. 구멍은 미세하다. 성숙 후 자실체가 청색을 띠는 것은 포자의 색 때문이다.

073 하얀선녀버섯

Marasmiellus candidus (Bolton) Singer

낙 엽 버 섯 과
Marasmiaceae

생태형 부생균 | 포자문색 백색

발생장소_ 숲속의 고사목이나 낙지(落枝) 등에 난다.

버섯형태_ 갓은 직경 0.7~3cm, 반구형에서 편평하게 전개된다. 표면은 백색, 평활하며, 방사상 홈 선이 있다. 조직은 얇고, 막질이며 백색이다. 주름살은 완전붙은형, 성기며, 백색이고, 분지하여 서로 연결된다. 자루는 0.8~2cm×1~1.5mm, 위아래 같은 굵기이고, 표면은 미세한 분말상으로 전체가 거의 백색이지만, 곧 아래쪽은 흑색 빛을 띤다.

한입버섯 074

Cryptoporus volvatus (Peck) Shear

생태형 부생균 | 포자문색 백색

구멍장이버섯과
Polyporaceae

발생장소_ 소나무류 등 침엽수 고사목 줄기에 발생한다. 특히 고사한지 1~2년 된 나무에 주로 난다. 변재부에 백색부후를 일으킨다.
버섯형태_ 자실체는 2~4×1~2.5cm, 두께 1~2.5cm, 전체가 밤톨같이 둥글고, 윗면은 니스광택을 띤다. 밑면은 두터운 막으로 쌓여 관공면이 보이지 않지만 나중에 타원형 구멍이 열린다. 세로로 잘라보면 관공은 길이 2~5mm, 회갈색, 구멍은 원형이다. 말린 생선 냄새가 난다.

075 해면버섯

Phaeolus schweinitzii (Fr.) Pat.

잔나비버섯과
Fomitopsidaceae

생태형 부생균 | 포자문색 백색

발생장소_ 침엽수류의 생입목과 고사목 줄기 및 그루터기에 발생한다. 심재갈색부후를 일으킨다.

버섯형태_ 자실체는 폭 10~20cm, 두께 0.5~2cm, 반원형, 부채형, 콩팥형이며, 또 뿌리와 연결하여 땅 위에 발생하면 둥근 잔이나 깔때기모양을 한다. 표면은 우단상으로 짧은 털이 빽빽하고, 희미한 고리무늬가 있으며, 황갈색 후 암갈색으로 된다. 조직은 유연하고 아주 무른 해면질로, 건조하면 쉽게 부서진다. 관공의 길이는 2~3mm이다.

메모_ 침엽수 생입목의 줄기와 뿌리 상처로 침입, 심재부후병을 일으키는 임업상 중요한 해균이다.

혀버섯 076

Dacryopinax spathularia (Schwein.) G. W. Martin

생태형 부생균 | 포자문색 백색

붉은목이과
Dacrymycetaceae

발생장소_ 침엽수의 고사목이나 쓰러진 나무의 줄기나 가지에 무리지어 난다.

버섯형태_ 자실체는 직경 2~7mm, 높이 4~7mm, 주걱형~부채형, 표면은 등황색, 평활하며 젤라틴질이다. 자실층은 한쪽 면에만 생기고, 반대쪽엔 짧은 털이 나있다. 담황색이고 건조하면 백색이 된다.

077 화경버섯

Omphalotus japonicus (Kawam.) Kirchm. & O.K. Mill.

낙엽버섯과
Marasmiaceae

생태형 부생균 | 포자문색 백색

발생장소_ 서어나무 등 활엽수의 죽은 나무줄기에 중첩되게 나거나 무리지어 난다.

버섯형태_ 갓은 직경 10~25cm, 반구형~콩팥형. 표면은 어릴 때 등황색이고, 비늘모양의 작은 인편이 있지만, 성숙하면 자갈색~암갈색이다. 캄캄한 밤이나 어두운 곳에서는 청백색의 형광 빛을 낸다. 주름살은 내린형이고, 담황색 후 백색. 자루는 1.5~2.5cm × 15~30mm으로 굵고 짧으며 측생이다. 자루와 주름 부착부위에 턱받이처럼 환상(環狀)의 융기대(隆起帶)가 있다. 자루 조직의 내부를 잘라보면 항상 짙은 자색~흑갈색이다.

메모_ 식용버섯인 느타리(형태), 표고(색)와 많은 혼동을 일으킨다.

황색고무버섯 078

Bisporella citrina (Batsch) Korf. & S. E. Carp.

생태형 부생균 | 포자문색 백색

미확정분류과
Incertae sedis

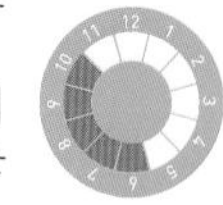

발생장소_ 고사목이나 쓰러진 나무의 줄기, 가지, 그루터기 등에 무리지어 난다.

버섯형태_ 자낭반은 직경 1~3(5)mm, 작은 원반 또는 접시모양이고, 표면은 매끄럽고 짙은 황색 또는 주황색을 띤다. 자루는 0.5~1mm로 아주 짧고, 백색~담황색이다.

우리 버섯*200가지

낙엽, 땅, 퇴비에서 주로 나는 버섯

079 갈색고리갓버섯

Lepiota cristata (Bolton) P. Kumm.

주름버섯과
Agaricaceae

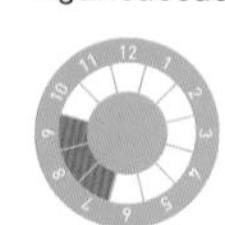

생태형 부생균 | 포자문색 백색

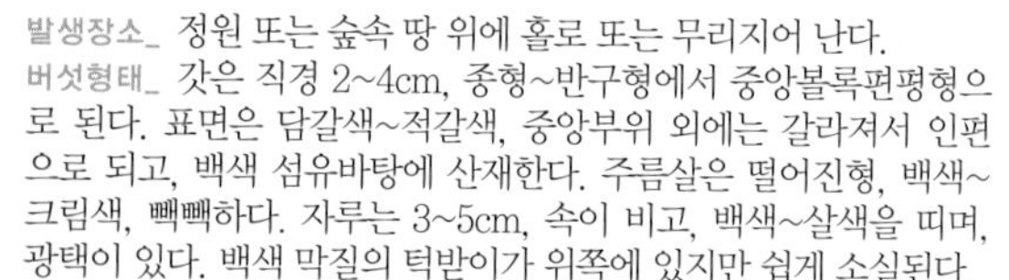

발생장소_ 정원 또는 숲속 땅 위에 홀로 또는 무리지어 난다.
버섯형태_ 갓은 직경 2~4cm, 종형~반구형에서 중앙볼록편평형으로 된다. 표면은 담갈색~적갈색, 중앙부위 외에는 갈라져서 인편으로 되고, 백색 섬유바탕에 산재한다. 주름살은 떨어진형, 백색~크림색, 빽빽하다. 자루는 3~5cm, 속이 비고, 백색~살색을 띠며, 광택이 있다. 백색 막질의 턱받이가 위쪽에 있지만 쉽게 소실된다.

갈색공방귀버섯 080

Geastrum saccatum Fr.

생태형 부생균 | 포자문색 백색

방귀버섯과
Geastraceae

발생장소_ 숲속 땅 위나 낙엽 위에 흩어져 난다.

버섯형태_ 자실체는 어릴 때 1~3cm, 구형이며, 담갈색의 미세한 털이 빽빽하다. 성숙하면 외피가 5~9조각, 별모양으로 갈라지고 아래로 뒤집힌다. 선단은 성숙하면 뒤틀려 2차로 갈라지는 경우가 많다. 내피의 기부에 자루는 없고, 원좌(圓座)의 구멍부위(孔緣盤)는 섬유질이고 원추형으로 약간 뾰족하다.

081 개나리광대버섯

Amanita subjunquillea S. Imai

광대버섯과
Amanitaceae

생태형 **균근균** | 포자문색 **백색**

발생장소_ 침·활엽수림 내 땅 위에 홀로 또는 흩어져 난다.

버섯형태_ 갓은 직경 3~7cm, 원추형에서 거의 편평형으로 전개된다. 표면은 담황색~등황색, 습하면 약간 점성이 있고, 때로는 백색의 외피막 파편이 붙어 있다. 주름살은 떨어진형, 백색, 약간 빽빽하다. 자루는 6~11cm×6~10mm, 백색~약간 황색, 속이 비고, 아래쪽으로 굵어지며, 황색~갈황색의 섬유질 인편이 있다. 백색, 막질의 턱받이는 위쪽에 있고, 백색~갈색의 대주머니가 있다.

검은외대버섯 082

Rhodophyllus ater Hongo

생태형 균근균 | 포자문색 분홍색

외대버섯과
Entolomataceae

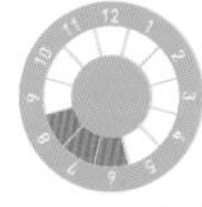

발생장소_ 숲속 땅 위나 잔디 위에 홀로 또는 무리지어 난다.

버섯형태_ 갓은 직경 1~4cm, 반구형에서 오목편평형으로 전개된다. 표면은 흑색~흑자색, 미세한 인편이 있고, 습하면 주변부에 방사상 선이 드러난다. 주름살은 완전붙은형 또는 약간내린형, 성기고, 담회색 후 담홍색이 된다. 자루는 2~5cm×1.5~4mm, 위아래 굵기가 같고, 속은 비었으며, 회갈색이고 가끔 뒤틀려 있다. 기부에 백색균사가 덮여 있다.

083 고동색우산버섯

Amanita fulva (Schaeff.) Fr.

광 대 버 섯 과
Amanitaceae

생태형 균근균 | 포자문색 백색

발생장소_ 활엽수림 내 땅 위에 홀로 또는 흩어져 난다.

버섯형태_ 갓은 직경 4~9cm, 처음 구형에서 편평하게 전개된다. 표면이 황갈색인 것이 우산버섯과 다르다. 갓 둘레에 뚜렷한 방사상 홈 선이 있고, 조직은 백색이다. 주름살은 떨어진형, 백색, 약간 성기다. 자루는 7~15cm, 위쪽이 약간 가늘고, 속은 비었으며, 갓과 거의 같은 색이다. 기부에 갓과 대주머니가 있다.

곰보버섯 084

Morchella esculenta (L.) Pers.

생태형 균근균 | 포자문색 백색

곰보버섯과
Morchellaceae

발생장소_ 숲속 땅 위나 정원, 길가 등에 홀로 또는 무리지어 나는 균근성 버섯이다.

버섯형태_ 자실체는 높이 5~12cm, 머리 부분은 직경 4~6cm, 난형(卵形)~난상원추형이며, 자루에 직생하고 황갈색이다. 그물망은 다각형~부정원형이며, 가로·세로로 잘 발달하고, 자실층은 회갈색이다. 자루는 4~5×3cm, 원통형, 표면에 요철이 있고, 백색~황색이다.

메모_ 생식하면 중독된다.

085 과립여우갓버섯(과립각시버섯)

Leucoagaricus americanus (Peck) Vellinga

주름버섯과
Agaricaceae

생태형 부생균 | 포자문색 백색

발생장소_ 톱밥, 퇴비, 왕겨더미, 그루터기 등에 다발로 또는 무리지어 난다.

버섯형태_ 갓은 직경 5~10cm, 처음 달걀모양에서 반구형~중앙볼록편평형으로 된다. 표면은 백색바탕에 담갈색~암갈색의 가는 인편이 덮여 있고, 주변부는 성긴 모습이다. 주름살은 떨어진형, 백색, 빽빽하다. 자루는 10~12cm, 백색바탕에 갈색의 입상(粒狀) 인편이 덮여 있다. 두터운 막질의 턱받이가 있고, 위쪽은 백색, 아래쪽은 적갈색~자갈색이다.

굽은애기무리버섯(애기버섯) 086

Gymnopus dryophilus (Bull.) Murrill

생태형 부생균 | 포자문색 백색

낙엽버섯과
Marasmiaceae

발생장소_ 숲속 부식질 위나 낙엽 위에 무리지어 나며, 균환(菌環)을 만들기도 한다.

버섯형태_ 갓은 직경 1~4cm, 반구형에서 편평하게 전개된다. 표면은 평활하고 황갈색~크림색이며, 건조하면 옅어진다. 주름살은 끝붙은형 또는 떨어진형이고, 빽빽하며, 백색~담황색이다. 자루는 5~6cm×1.5~3mm로 가늘고 길며, 기부는 약간 두텁다. 속은 비고 평활하며, 갓과 거의 같은 색이다.

087 그물소똥버섯

Bolbitius reticulatus var. *reticulatus* (Pers.) Ricken

소똥버섯과
Bolbitiaceae

생태형 부생균 | 포자문색 황토색

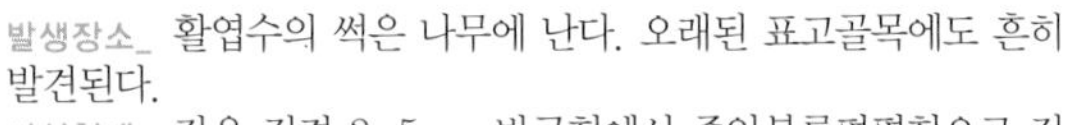

발생장소_ 활엽수의 썩은 나무에 난다. 오래된 표고골목에도 흔히 발견된다.

버섯형태_ 갓은 직경 3~5cm, 반구형에서 중앙볼록편평형으로 전개된다. 표면은 점성이 강하고, 중심부는 자흑색, 주변부는 자색을 띤 회색이고, 중심에서 방사상으로 뻗어가는 뚜렷한 그물망 같은 물결무늬가 있다. 주름살은 떨어진형, 약간 빽빽하고 녹색으로 된다. 자루는 백색, 4~5cm×3~5mm, 속이 비고, 아래쪽으로 두터워진다.

기와버섯(청버섯)

088

Russula virescens (Schaeff.) Fr.

생태형 균근균 | 포자문색 백색

무당버섯과
Russulaceae

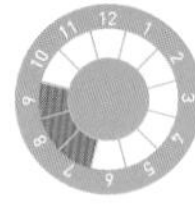

발생장소_ 활엽수림 내 땅 위에 난다.

버섯형태_ 갓은 직경 5~12cm, 반구형에서 중앙오목편평형~깔때기형으로 된다. 표면은 녹색~회녹색, 표피는 불규칙한 다각형으로 갈라지고, 담녹색 바탕에 짙은 자국모양을 드러낸다. 주름살은 끝붙은형, 빽빽하거나 약간 성기고, 백색 후 담황백색이고, 자루는 5~10cm×10~30mm로 두텁고 단단하며 백색이다.

메모_ 우리나라에서는 과거부터 '청버섯' 이라 부르며 널리 식용해 왔다.

089 긴대주발버섯

Helvella macropus (Pers.) P. Karst.

안 장 버 섯 과
Helvellaceae

생태형 부생균 | 포자문색 백색

발생장소_ 숲속 땅 위에 홀로 또는 무리지어 난다.
버섯형태_ 자실체는 높이 4~10cm, 자낭반 크기는 2~3cm, 처음에는 양쪽 끝이 붙어 있는 모양이나 성장하면서 펴져서 접시 또는 주발모양으로 되며, 안쪽 면은 암갈색, 바깥쪽은 담갈색, 짧은 털이 빽빽하다. 자루는 3~5cm×2~4mm, 원통형, 손으로 눌린 자국 같은 둥근 함몰부위가 있고 자낭반과 같은 색이다.

까치버섯 090

Polyozellus multiplex (Underw.) Murrill

생태형 균근균 | 포자문색 백색

사마귀버섯과
Thelephoraceae

발생장소_ 침·활엽수림 내 땅 위에 난다.

버섯형태_ 갓은 직경 10~30cm, 높이 10~20cm, '잎새버섯' 모양으로 구두주걱~부채모양의 자실체가 모여 다발을 이루며, 까마귀 깃털 색을 띤다. 표면은 매끈하고, 밑면은 회백색~회청색(灰靑色)이다. 조직은 단단하고 탄력이 있으며, 해초향이 있고, 밑면의 자실층은 주름이 자루에까지 이어져 있다. 자루는 2~4.5cm×10~40mm, 원통형이며, 갓과 같은 색이다.

091 깔때기버섯부치(깔때기버섯)

Clitocybe gibba (Pers.) P. Kumm.

송이버섯과
Tricholomataceae

생태형 부생균 | 포자문색 백색

발생장소_ 숲속 낙엽 사이나 풀밭에 홀로 또는 무리지어 난다.
버섯형태_ 갓은 직경 4~8cm, 깔때기형이고, 표면은 평활, 담홍색~옅은 적갈색이다. 주름살은 내린형, 빽빽하며, 백색이다. 자루는 2.5~5cm×5~13mm, 갓과 같은 색이거나 옅은 색이다. 기부에 백색균사가 덮여 있다.

꽃송이버섯 092

Sparassis crispa (Wulfen) Fr.

꽃송이버섯과
Sparassidaceae

생태형 부생균 | 포자문색 백색

발생장소_ 잣나무, 낙엽송 등 침엽수 성숙목(생목)의 밑동부위나 그 부근에 나며, 벌채목과 그루터기에도 발생한다. 근주심재부후병균이다.

버섯형태_ 하나의 자루에서 계속 분지하여 생긴 자실체 덩어리는 10~30cm에 달하고, 백색~담황색이다. 꽃 양배추형이고 아름답다. 자루는 2~5×2~4cm로 짧고 굵다. 자실층은 꽃잎모양의 얇은 조각 뒷면에 생긴다. 1과 1속인 균이다.

메모_ 잣나무, 낙엽송 등 침엽수의 근주심재부후병균이다. 뿌리의 상처로 침입한 균이 점차 수간 심재부로 전이하며 심재부를 썩힌다.

093 꾀꼬리버섯

Cantharellus cibarius Fr.

꾀꼬리버섯과
Cantharellaceae

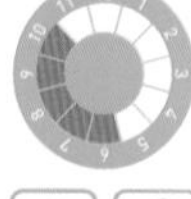

생태형 균근균 | 포자문색 백색

발생장소_ 숲속 땅 위에 홀로 또는 무리지어 난다.
버섯형태_ 자실체는 높이 3~9cm, 직경 3~8cm, 전체가 난황색(卵黃色)이고, 갓 둘레는 불규칙한 원형이며, 파도형으로 굴곡 진다. 자실층은 긴내린형이고, 약간 빽빽하며, 주름살 사이에 연락맥이 있다. 자루는 1.5~6cm×5~15mm로 굵고 짧으며, 편심형~중심형이고, 갓과 같은 색이다.

나팔버섯 094

Gomphus floccosus (Schwein.) Singer

생태형 균근균 | 포자문색 담황색

나 팔 버 섯 과
Gomphaceae

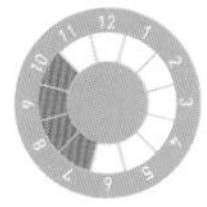

발생장소_ 전나무 등 침엽수림 내 땅 위에 홀로 또는 무리지어 난다. 외생균근균이다.

버섯형태_ 자실체는 높이 10~15cm, 직경 4~12cm, 어릴 때는 뿔피리모양이나 점차 깔때기형~나팔형이 된다. 중심부는 자루의 기부까지 뚫려 있다. 표면은 황색~황갈색 바탕에 갈색의 인편이 있고, 큰 인편이 드문드문 있다. 갓 끝은 파도형이다. 자실층은 내린 주름형이고 맥상이며 황백색이다. 자루는 매끈하고 붉은 빛을 띠며, 3~6×0.8~3cm, 담황색~담적황색이다.

095 냄새무당버섯

Russula emetica (Schaeff.) Pers.

무 당 버 섯 과
Russulaceae

생태형 균근균 | 포자문색 백색

발생장소_ 침·활엽수림 내 땅 위에 홀로 나거나 균환(菌環)을 이루며 무리지어 난다.

버섯형태_ 갓은 직경 3~10cm, 반구형에서 중앙오목편평형으로 된다. 표면은 평활하며 점성이 있고, 선홍색이지만, 비 등에 쉽게 허옇게 바랜다. 생장하면서 홈 선이 나타나고, 표피는 벗겨지기 쉽다. 주름살은 끝붙은내린형, 백색, 약간 성기다. 조직은 부드럽지만 매운맛이 강하다. 자루는 2~7cm×7~15mm, 주름모양 세로줄이 있고, 백색이다.

노란꼭지외대버섯 096

Rhodophyllus murrayi (Berk. & M. A. Curtis) Singer

생태형 균근균 | 포자문색 분홍색

외대버섯과
Entolomataceae

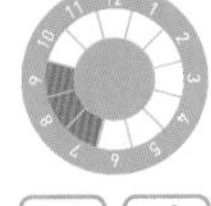

발생장소_ 숲속 땅 위에 홀로 또는 흩어져 난다.
버섯형태_ 갓은 직경 1~6cm, 원추형~종형이고, 중앙에 유두 같은 돌기가 있다. 전체가 황색이고, 습하면 갓 둘레에 홈 선이 드러난다. 주름살은 완전붙은형~끝붙은형이고, 약간 성기며, 포자가 성숙하면 담홍색을 띤다. 자루는 3~10cm×2~4mm, 표면은 섬유상이며, 속이 비고, 가끔 뒤틀려 있다.

097 노란대주름버섯

Agaricus moelleri Wasser

주름버섯과
Agaricaceae

생태형 부생균 | 포자문색 갈색

발생장소_ 숲속 땅 위, 잔디밭, 길가 풀밭에 홀로 또는 무리지어 난다.

버섯형태_ 갓은 반구형에서 편평하게 전개되고, 직경은 4~15cm, 표면은 백색이며 흑색의 인편이 덮여 있다. 주름살은 떨어진형, 빽빽하고, 회색~담홍색~초콜릿색으로 변한다. KOH액에 황변한다. 자루는 7~12cm, 백색의 턱받이가 위쪽에 있다.

노란젖버섯 098

Lactarius chrysorrheus Fr.

생태형 공생균 | 포자문색 담황색

무당버섯과
Russulaceae

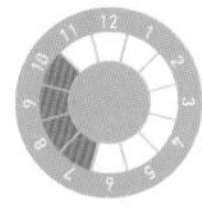

발생장소_ 숲속 땅 위에 홀로 또는 무리지어 난다.
버섯형태_ 갓은 직경 5~9cm, 약간 깔때기모양으로 된다. 표면은 황색~갈색을 띤 연한 담홍색, 고리무늬가 있고, 습하면 약간 점성이 있다. 주름살은 내린형이고, 빽빽하며, 백색~황색, 유액은 백색이지만 공기와 접촉하면 황색으로 된다. 조직은 백색이고, 절단하면 황변한다. 자루는 3~6cm×5~12mm, 갓과 같은 색이다.

099 노란턱돌버섯

Descolea flavoannulata (Lj. N. Vassiljera) E. Horak

끈적버섯과
Cortinariaceae

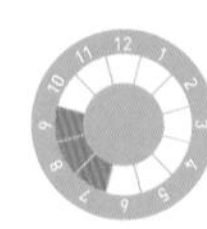

생태형 균근균 | 포자문색 갈색

발생장소_ 침엽수림이나 활엽수림에 나지만 비교적 드물다.

버섯형태_ 갓은 직경 5~8cm, 반구형을 거쳐 편평하게 된다. 표면은 황갈색~암황갈색이고, 방사상 주름이 있으며, 황색의 외피막 파편이 있다. 주름살은 완전붙은형, 약간 성기고, 황갈색이다. 자루는 6~10cm×7~10mm, 갓과 거의 동색이다. 위쪽에 황색 막질의 턱받이가 있고, 기부에는 대주머니 흔적이 환상으로 남아 있다.

노랑망태버섯 100

Dictyophora indusiata f. *lutea* (Liou & L. Hwang) Kobayasi

말뚝버섯과 Phallaceae

생태형 부생균 | 포자문색 담녹색

발생장소_ 침·활엽수림 내 땅 위에 홀로 또는 무리지어 난다.

버섯형태_ 백색의 '망태버섯'과 같으나 색상이 황색이다. 어린 균은 직경 3.5~4cm로 난형(卵形)~구형, 백색~담자갈색이며, 기부에 두터운 근상균사속(根狀菌絲束)이 있다. 성숙한 자실체는 10~20×1.5~3cm가 된다. 갓은 2.5~4cm로 종형이고, 꼭대기부분은 백색의 정공이 있으며, 표면에 그물망무늬의 융기가 있다. 또한 점액화된 암녹색 기본체가 있어서 악취가 난다. 갓 아래로 10×10cm의 황색 망사 스커트상의 균망(菌網)이 펼쳐진다. 자루는 속이 빈 원통형이며, 황색~백색이고, 기부에는 젤라틴질의 대주머니가 있다.

101 다발방패버섯(다발구멍장이버섯)

Albatrellus confluens (Alb. & Schwein.) Kotl. & Pouzar

방패버섯과
Albatrellaceae

생태형 균근균 | 포자문색 백색

발생장소_ 소나무림, 전나무림 등 침엽수림 내 땅 위에 난다. 균근균이다.

버섯형태_ 자실체는 폭 5~15cm, 두께 1~3cm, 부채형~주걱형, 하나의 뿌리에서 여러 개체가 상호 유착하여 자라며, 직경 30cm 정도의 큰 집단을 이루기도 한다. 표면은 평활, 황백색~담홍색이다. 밑면의 관공은 백색~크림색, 자루에 내린형이고, 깊이 1~2mm, 구멍은 원형~다각형, 2~4개/mm이다. 두터운 자루는 갓 중심에서 벗어나 부착한다.

다색벚꽃버섯 102

Hygrophorus russula (Schaeff.) Kauffman

생태형 균근균 | 포자문색 백색

벚꽃버섯과
Hygrophoraceae

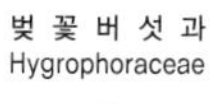

발생장소_ 활엽수림 내 땅 위에 무리지어 난다.
버섯형태_ 갓은 직경 5~12cm, 반구형에서 중앙볼록편평형으로 전개된다. 표면은 점성이 있으나 쉽게 마르고, 중앙은 암적색, 갓 둘레는 담적색이다. 갓 끝은 어릴 때 안쪽으로 말린다. 조직은 백색~담홍색이며 가끔 암적색의 얼룩을 띤다. 주름살은 완전붙은내린형이고, 약간 빽빽하며, 백색~담홍색, 갓과 같은 색의 얼룩이 드러난다. 자루는 3~8cm×10~30mm, 백색이나 점차 갓과 같은 색을 띠고, 섬유상이다.

103 단풍사마귀버섯

Thelephora palmata (Scop.) Fr.

사마귀버섯과
Thelephoraceae

생태형 균근균 | 포자문색 황갈색

발생장소_ 숲속 땅 위에서 홀로 또는 무리지어 난다.
버섯형태_ 자실체는 3~7×2~5cm, 하나의 자루에서 많은 가지가 분지, 집단화된 모양이다. 자갈색~암갈색이며, 가지 선단부는 백색, 약간 넓적하여 끌모양이다. 자실층은 자루와 선단부를 제외한 전체 면에 있고, 자루는 1~1.5cm×1~2mm, 강한 악취가 있다.

달걀끈적버섯 104

Cortinarius subalboviolaceus Hongo

생태형 균근균 | 포자문색 황갈색

끈적버섯과
Cortinariaceae

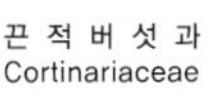

발생장소_ 활엽수림 내 땅 위에 무리지어 난다.
버섯형태_ 갓은 직경 1.5~4.5cm, 반구형에서 중앙볼록편평형으로 전개된다. 표면은 연보라색을 띠지만 거의 백색으로 된다. 습할 땐 점성이 있지만 건조하면 비단 광택을 띤다. 주름살은 완전붙은형, 끝붙은형 또는 홈생긴형이고, 연보라색에서 백색으로 변하며, 약간 성기다. 자루는 3~7cm×3~7mm, 아래쪽은 곤봉형으로 부푼다. 갓과 같은 색이지만 오래되면 약간 황갈색을 띠고, 솜털상~섬유상이다.

105 달걀버섯

Amanita hemibapha subsp. *hemibapha* (Berk. & Broome) Sacc.

광대버섯과
Amanitaceae

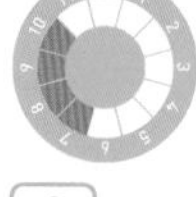

생태형 균근균 | 포자문색 백색

발생장소_ 침·활엽수림 내 땅 위에 홀로 또는 흩어져 난다. 균근성 버섯.

버섯형태_ 갓은 직경 6~18cm, 어린 균(幼菌)은 외피막에 둘러싸여 달걀모양이지만, 점차 막의 상부가 파괴되고, 적색~적황색의 갓이 드러나며 편평하게 전개된다. 갓 둘레에 방사상 홈 선이 있다. 주름살은 떨어진형, 황색, 약간 빽빽하다. 자루는 10~20cm, 황색이며 적황색의 인편이 있다. 턱받이는 등황색, 위쪽에 있고, 기부에는 백색의 두꺼운 대주머니가 있다.

메모_ 아름답고 맛있는 버섯이다.

담갈색무당버섯 106

Russula compacta Frost

생태형 균근균 | 포자문색 담갈색

무당버섯과
Russulaceae

발생장소_ 활엽수림 내 땅 위에 흩어져 나거나 무리지어 난다.

버섯형태_ 갓은 직경 7~10cm, 반구형에서 중앙오목편평형~깔때기형으로 된다. 표면은 적갈색, 주름살은 떨어진형, 빽빽하고, 백색이며, 상처가 나면 적갈색 얼룩이 진다. 자루는 4~6cm×15~20mm, 주름모양 세로줄이 있고, 백색 후 적갈색으로 된다. 노화하거나 건조하면 불쾌한 생선냄새가 있다.

107 당귀젖버섯

Lactarius subzonarius Hongo

무 당 버 섯 과
Russulaceae

생태형 균근균 | 포자문색 담황색

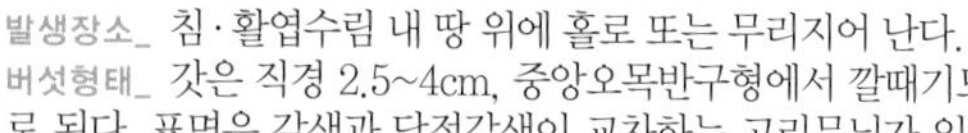

발생장소_ 침·활엽수림 내 땅 위에 홀로 또는 무리지어 난다.
버섯형태_ 갓은 직경 2.5~4cm, 중앙오목반구형에서 깔때기모양으로 된다. 표면은 갈색과 담적갈색이 교차하는 고리무늬가 있고, 주름살은 끝붙은내린형이며, 빽빽하고, 담홍색이며, 상처가 나면 약간 갈변한다. 유액은 백색, 반투명이고, 변색은 없다. 자루는 2.5~3cm×5~7mm, 표면은 적갈색, 세로주름이 있고, 기부에 황갈색의 거친 털이 있다.

독우산광대버섯 108

Amanita virosa (Fr.) Bertill.

생태형 균근균 | 포자문색 백색

광대버섯과
Amanitaceae

발생장소_ 침·활엽수림 내 땅 위에 홀로 또는 무리지어 난다.
버섯형태_ 갓은 직경 6~15cm, 처음 종형~원추형에서 중앙볼록편평형으로 전개된다, 표면은 평활하고 백색이며, 습하면 점성이 있다. 주름살은 떨어진형, 백색, 약간 성기거나 약간 빽빽하다. 자루는 14~24cm×10~23mm, 백색, 아래쪽으로 두텁고, 백색 막질의 턱받이는 위쪽에 있으며 그 아래는 섬유상, 거스러미모양 인편이 덮여 있다. 뿌리에 큰 대주머니가 있다.
메모_ 맹독성버섯으로 한 송이 이상 먹으면 죽음에 이른다.

109 독청버섯

Stropharia aeruginosa (Curtis) Quél.

독청버섯과
Strophariaceae

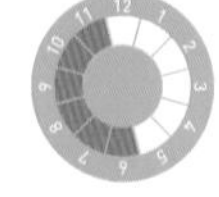

생태형 부생균 | 포자문색 자회색

발생장소_ 활엽수림내의 습한 땅이나 풀밭에 난다.

버섯형태_ 갓은 직경 3~7cm, 반반구형에서 편평하게 전개된다. 표면은 점액이 덮여 있고, 백색의 솜털모양 작은 인편이 산재한다. 청록색~녹색에서 황록색~황색으로 되고, 건조하면 광택이 있다. 주름살은 완전붙은형, 회백색~자갈색, 자루는 4~10cm × 4~12mm, 속이 비고, 백색, 막질의 턱받이가 있고, 기부에 백색균사속이 있다.

두엄먹물버섯 110

Coprinopsis atramentaria (Bull.) Readhead, Vilgalys & Moncalvo

생태형 부생균 | 포자문색 검정색

눈물버섯과
Psathyrellaceae

발생장소_ 숲속 길가나 정원, 밭 등에 다발 또는 무리지어 난다.

버섯형태_ 갓은 직경 5~8cm, 달걀형에서 종형~원추형을 거쳐 삿갓모양으로 전개된다. 표면은 회색~회갈색이고, 중앙에는 인편, 갓 둘레에 방사상 선이 드러난다. 주름살은 백색에서 점차 자갈색, 흑색으로 되어 액화하며, 자루만 남는다. 자루는 5~15cm × 8~18mm, 백색이며, 속이 비고, 탈락하기 쉬운 불완전한 턱받이가 남아 있다.

메모_ 알코올(술)과 함께 섭취하면 중독위험이 있다.

111 들주발버섯(자등색들주발버섯)

Aleuria aurantia (Pers.) Fuckel

털접시버섯과
Pyronemataceae

생태형 부생균 | 포자문색 백색

발생장소_ 숲속 땅 위나 임도 옆 등 주로 나지(裸地)에 무리지어 난다
버섯형태_ 자실체는 직경 2~10cm, 주발~접시모양이고, 자실층면은 밝은 주홍색~주황색, 바깥 면은 같거나 약간 옅은 색이고, 분말상 백색 털로 덮여 있으며, 육질이고 부서지기 쉬우며, 자루는 없다.

마귀광대버섯 112

Amanita pantherina (DC.) Krombh.

생태형 균근균 | 포자문색 백색

광대버섯과
Amanitaceae

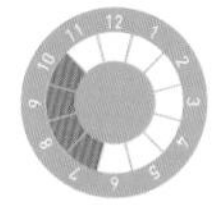

발생장소_ 침엽수림, 활엽수림 내 땅 위에 홀로 또는 무리지어 난다.

버섯형태_ 갓은 직경 4~25cm, 처음 반구형에서 오목편평형으로 전개된다. 표면은 회갈색~황갈색, 습하면 점성이 있고, 백색의 사마귀모양 외피막 파편이 산재한다. 갓 둘레에 방사상 홈 선이 있다. 주름살은 떨어진형, 백색, 다소 빽빽하다. 자루는 5~35cm×6~30mm, 백색이고, 위쪽에 백색 막질의 턱받이가 있고, 그 아래는 거스러미모양으로 덮여 있다. 뿌리는 부풀고 외피막 흔적이 반지처럼 남는다.

113 마른산그물버섯

Boletus chrysenteron Bull.

그물버섯과
Boletaceae

생태형 균근균 | 포자문색 황토색

발생장소_ 활엽수림 내 땅 위에 단생 또는 무리지어 난다.
버섯형태_ 갓은 직경 3~10cm, 거의 편평하게 전개된다. 표면은 우단상이고 짙은 자갈색 또는 암갈색~회갈색, 가끔 표피가 갈라져 담홍색 조직이 드러난다. 상처가 나면 청변한다. 관공은 끝붙은형에 내린형이고, 황색~녹황색, 구멍은 다각형이다. 자루는 5~8cm ×6~12mm, 진홍색~암적색, 섬유상 세로무늬가 있다.

많은가지사마귀버섯 114

Thelephora multipartita Schwein. ex Fr.

생태형 균근균 | 포자문색 황갈색

사마귀버섯과
Thelephoraceae

발생장소_ 숲속 땅 위에서 홀로 또는 무리지어 난다.
버섯형태_ 자실체는 자루가 있고 직립하며, 나뭇가지모양으로 분지하고, 높이는 4~6cm, 회갈색~자갈색이다. 가지 끝은 백색이며, 손모양이고, 표면에 섬유상 선이 있다. 자루는 1~2cm×1~3mm, 황갈색, 자실층은 아래에 있고, 많은 돌기가 있으며, 회갈색이다.

115 말뚝버섯

Phallus impudicus L.

말뚝버섯과
Phallaceae

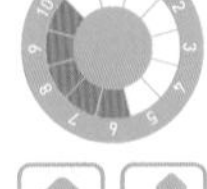

생태형 부생균 | 포자문색 담녹색

발생장소_ 죽림, 정원 등이나 숲속 땅 위 또는 썩은 나무나 그루터기에 흩어져 나거나 무리지어 난다.

버섯형태_ 어린 균은 4~6cm, 유구형이며 백색이다. 기부에 굵고 긴 백색의 근상균사속이 있다. 성숙하면 갓과 자루가 9~15cm 높이로 자라난다. 갓은 종형이고 백색~담황색, 표면에 그물망모양 돌기가 있고, 암녹색의 점액화한 기본체가 있어 악취를 풍긴다. 꼭대기 구멍(頂孔)은 백색이며, 자루의 위쪽 끝과 연결된다. 자루는 원통형, 속이 비고, 백색이며, 5.5~10cm이다. 기부에 백색 대주머니가 있다.

말불버섯 116

Lycoperdon perlatum Pers.

생태형 부생균 | 포자문색 갈색

주름버섯과
Agaricaceae

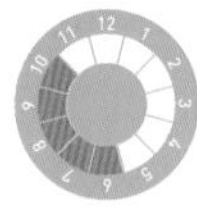

발생장소_ 숲속 땅 위, 풀밭, 밭 등 부식질이 많은 곳에 홀로 또는 무리지어 난다.

버섯형태_ 자실체는 2~6×3~6cm, 머리(頭部)는 구형이고 아래쪽에 무성기부(無性基部)가 있다. 처음 백색이나 차츰 황갈색으로 되고, 길고 짧은 돌기와 가시가 무수히 많이 부착하였다가 나중에 탈락한다. 성숙하면 위쪽의 구멍(頂孔)을 통하여 연기모양으로 포자를 분출한다. 기부에 뿌리모양 균사속(根狀菌絲束)이 있고, 포자는 구형, 갈색이고 꼬리는 없다.

메모_ 어린 자실체만 식용한다.

117 말징버섯

Calvatia craniiformis (Schwein.) Fr.

주름버섯과
Agaricaceae

생태형 부생균 | 포자문색 갈색

발생장소_ 숲속 유기물이 많은 땅 위나 부식질이 많은 곳에 홀로 또는 무리지어 난다.

버섯형태_ 자실체의 머리(頭部)는 구형~난형(卵形)이며, 아래에 역원뿔형의 무성기부(無性基部)가 있다. 크기는 높이 6~10cm, 직경 5~8cm, 기본체는 처음 백색에서 갈색으로 되고, 황갈색의 액즙을 내면서 분해, 악취를 낸다. 성숙하면 외피가 벗겨지고 황색의 포자괴(胞子塊)가 드러나며, 바람에 포자를 날린다. 마지막엔 팽이모양의 기부만 남는다.

메모_ 어린 자실체만 식용한다.

맑은애주름버섯 118

Mycena pura (Pers.) P. Kumm.

생태형 부생균 | 포자문색 백색

애주름버섯과
Mycenaceae

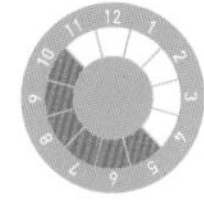

발생장소_ 침·활엽수림 내 낙엽위에 흩어져 나거나 무리지어 나고 낙엽분해균이다.

버섯형태_ 갓 직경 2~5cm, 종형 후 편평하게 전개된다. 표면은 평활하고 장미색, 홍자색(紅紫色),백색 등 변화가 많으며, 습할 때 방사상 선이 있다. 주름살은 완전붙은형 또는 끝붙은형, 성기고, 담홍색~백색이다. 자루는 5~8cm×2~7mm, 갓과 같은 색이고 기부에 백색균사가 피복한다.

119 먹물버섯

Coprinus comatus (O. F. Müll.) Pers.

주름버섯과
Agaricaceae

생태형 부생균 | 포자문색 검정색

발생장소_ 정원, 목장, 잔디밭 등 비옥한 땅 위에 다발 또는 무리지어 난다

버섯형태_ 갓은 직경 3~5cm, 높이 5~10cm, 어릴 때는 자루의 반 이상이 덮인 원주형이고 후에 종형이 된다. 표면은 백색바탕에 담갈색의 거스러미상 인편이 덮여 있다. 주름살은 백색~담홍색~갈색~흑색으로 되고, 결국 검은 잉크같이 액화하여, 자루만 남는다. 자루는 15~25cm, 속이 비고, 기부가 약간 굵다.

메모_ 길가, 정원 등 인가주변에 많이 나고, 술과 함께 먹으면 해가 있다.

민자주방망이버섯 120

Lepista nuda (Bull.) Cooke

생태형 부생균 | 포자문색 담홍색

송이버섯과
Tricholomataceae

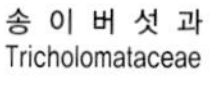

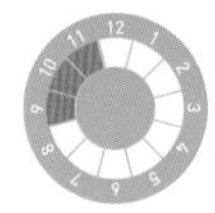

발생장소_ 잡목림, 대나무밭 등의 땅 위에 무리지어 나고, 균환(菌環)을 만드는 낙엽분해균이다.
버섯형태_ 갓은 직경 6~10cm, 반반구형에서 편평하게 전개하고, 초기는 갓 끝이 안으로 말린다. 전체가 아름다운 자색이지만, 점차 색이 바래지고 황색~갈색으로 변한다. 조직은 담자색, 치밀하고, 주름살은 홈생긴형에 약간내린형, 빽빽하며, 옅은 자색이다. 자루는 4~8cm×10~15㎜, 섬유상이며, 자주색이고, 기부는 굵다.
메모_ 생식하면 중독된다.

121 밀애기버섯(밀버섯)

Gymnopus confluens (Pers.) Antonin, Halling & Noordel.

낙 엽 버 섯 과
Marasmiaceae

생태형 부생균 | 포자문색 백색

발생장소_ 숲속 땅 위의 낙엽에 다발 또는 무리지어 난다. 낙엽분해균이다.

버섯형태_ 갓은 직경 1~3.5cm, 반구형에서 거의 편평하게 전개된다. 표면은 평활하고 살색이며, 중앙은 약간 짙은 색이다. 건조하면 퇴색한다. 주름살은 끝붙은형 또는 떨어진형이고, 빽빽하며, 갓과 같은 색이다. 자루는 2.5~9cm×1.5~4mm로 위아래 굵기가 같고, 속이 비며, 전면에 털이 덮여 있고, 갓과 같은 색이다. 기부에는 백색균사가 있다.

바늘깃싸리버섯 122

Pterula subulata Fr.

생태형 부생균 | 포자문색 백색

깃싸리버섯과
Pterulaceae

발생장소_ 숲속의 낙엽, 낙지(落枝), 부엽토층 위에 난다.
버섯형태_ 자실체는 높이 1~7cm, 기부에서부터 분지(分枝)하여 빗자루모양을 띠고, 처음은 연한 색이지만 나중에 황갈색으로 된다. 자루와 가지는 모두 가늘고, 가지 선단은 예리하게 뾰족하지만 건조하면 털처럼 가늘어진다. 조직은 약간 딱딱한 연골질(軟骨質)이다.

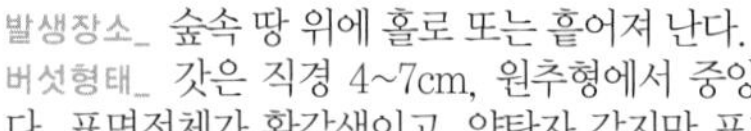

123 방패갓버섯

Lepiota clypeolaria (Bull.) P. Kumm.

주름버섯과
Agaricaceae

생태형 부생균 | 포자문색 백색

발생장소_ 숲속 땅 위에 홀로 또는 흩어져 난다.
버섯형태_ 갓은 직경 4~7cm, 원추형에서 중앙볼록편평형으로 된다. 표면전체가 황갈색이고, 양탄자 같지만 표피가 가늘게 째져서 인편이 되어 산재한다, 주름살은 떨어진형, 백색, 빽빽하다. 자루는 5~10cm로 속이 비고, 턱받이 위쪽은 백색, 평활하고, 아래는 갓과 같이 솜털상~분말상이며, 턱받이는 백색이고 일찍 탈락한다.
메모_ 식용할 수 있지만 식용가치는 낮다.

배젖버섯 124

Lactarius volemus (Fr.) Fr.

생태형 균근균 | 포자문색 백색

무당버섯과
Russulaceae

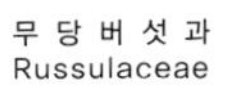

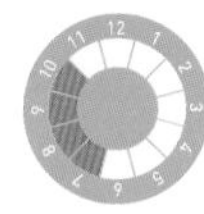

발생장소_ 활엽수림 내 땅 위에 홀로 또는 무리지어 난다.
버섯형태_ 갓은 직경 4~13cm, 중앙오목반구형에서 깔때기모양으로 된다. 표면은 평활하고 분말상이며, 황갈색~적갈색, 어릴 때는 암갈색이다. 주름살은 끝붙은내린형이며, 빽빽하고, 백색~담황색, 가끔 갈색 얼룩이 지고, 상처가 나면 백색 유액이 많이 분비되고, 갈색으로 변하며 끈기가 있다. 자루는 6~10cm×10~20mm로 갓과 같은 색이다.

125 뱀껍질광대버섯

Amanita spissacea S. Imai

광 대 버 섯 과
Amanitaceae

생태형 균근균 | 포자문색 백색

발생장소_ 침·활엽수림 내 땅 위에 홀로 또는 무리지어 난다.

버섯형태_ 갓은 직경 4~12.5cm, 반구형을 거쳐 편평하게 전개된다, 표면은 회갈색~암회갈색이고, 흑갈색이고 분말상인 외피막 파편이 밀집하여 있지만 성장하면서 갈라져서, 크고 작은 집단으로 산재한다. 주름살은 떨어진형 또는 내린형이며 백색, 빽빽하다. 자루는 5~15cm×8~15mm로 뿌리는 구근상이고, 회색~회갈색의 섬유상 인편이 덮여 있다. 위쪽에 회백색, 막질의 턱받이가 있고, 턱받이 위쪽은 얼룩덜룩한 가로무늬가 있다.

버터애기버섯 126

Rhodocollybia butyracea f. *butyracea* (Bull.) Lennox

생태형 부생균 | 포자문색 백색

낙엽버섯과
Marasmiaceae

발생장소_ 침·활엽수림내 땅 위나 낙엽, 낙지에 무리지어 난다. 낙엽분해균.

버섯형태_ 갓은 직경 3~6cm, 반구형에서 중앙볼록편평형으로 된다. 표면은 평활하고, 습하면 적갈색, 마르면 황갈색이다. 주름살은 끝붙은형~떨어진형, 백색이며, 빽빽하다. 자루는 2~8cm×4~8mm로 적갈색, 속은 비고, 기부는 부풀며, 백색균사가 덮여 있다.

127 볏짚버섯

Agrocybe praecox (Pers.) Fayod

독청버섯과
Strophariaceae

생태형 부생균 | 포자문색 갈색

발생장소_ 숲속, 풀밭, 길가, 밭 등의 땅 위에 무리지어 나거나 다발로 난다.

버섯형태_ 갓은 직경 3~9cm, 반구형에서 편평하게 전개. 표면은 평활하고 황갈색, 주름살은 완전붙은형~끝붙은형, 빽빽하고, 성숙하면 암갈색이다. 자루는 4~12cm×3~9mm, 표면은 백색 또는 갓과 같은 색, 위쪽에 백색 막질의 턱받이가 있다.

붉은꾀꼬리버섯 128

Cantharellus cinnabarinus (Schwein.) Schwein.

생태형 균근균 | 포자문색 백색

꾀꼬리버섯과
Cantharellaceae

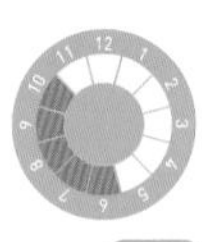

발생장소_ 숲속 땅 위에 무리지어 난다.
버섯형태_ 갓은 직경 1~3cm, 높이 3.5cm, 반구형에서 후에 깔때기 모양이 된다. 표면은 평활하고, 둘레는 파도형이며, 주홍색이다. 자실층은 내린 주름살모양이고, 연락맥이 있으며 담홍색이다. 자루는 2~5cm×6~14mm로 원통형이며 등홍색이다. 전체가 붉은 색으로 아름다운 버섯이다.

129 붉은비단그물버섯

Suillus pictus (Peck) A. H. Sm. et Thiers

비단그물버섯과
Suillaceae

생태형 균근균 | 포자문색 황갈색

발생장소_ 잣나무 등 5엽송림 내 땅 위에 무리지어 난다.
버섯형태_ 갓은 직경 5~10cm, 반구형~원추형으로 전개. 표면에 섬유상 인편이 빽빽하고, 적색~적자색이며, 퇴색하여 갈색으로 된다. 관공은 내린형이고, 황색 후에 황갈색으로 된다. 구멍은 크기가 다르며, 방사상으로 배열되고, 상처가 나면 적변~갈변한다. 자루는 3~8cm×8~15mm로 턱받이 위는 황색, 아래는 갓과 같은 색이다. 조직은 크림색이고 상처가 나면 붉게 변하지만, 자루는 가끔 푸르게 변한다.

붉은산무명버섯 130

Hygrocybe conica (Schaeff.) P. Kumm.

생태형 균근균 | 포자문색 백색

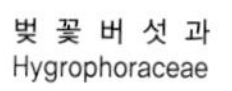

발생장소_ 풀밭이나 숲속 땅 위에 단독으로 발생한다.

버섯형태_ 갓은 직경 15~35㎜, 원추형-반구형을 거쳐 갓 끝 부위가 펼쳐지거나 중앙볼록반구형으로 전개된다. 표면은 진홍색~황색이며 갓 끝 부위는 다소 옅은 색으로 변하며 상처를 입으면 흑갈색으로 변색된다. 주름살은 완전붙은형 또는 끝붙은형이고, 약간 빽빽하며 백색~옅은 황색이나 점차 올리브색을 띠다가 상처가 나면 또는 성숙하면 흑갈색 또는 흑색으로 변한다. 자루는 3~10cm ×4~8mm, 섬유상 줄무늬가 있고, 속은 비어 있으며 주름살과 같은 색을 띤다.

131 붉은싸리버섯

Ramaria formosa (Pers.) Quél.

나팔버섯과
Gomphaceae

생태형 균근균 | 포자문색 황갈색

발생장소_ 활엽수림 내 땅 위에 홀로 또는 무리지어 난다.

버섯형태_ 자실체는 지경 5~20cm, 높이 10~20cm로 싸리버섯보다 큰 대형이며, 튼튼한 산호모양으로 자루에서 위쪽으로 순차적으로 가지를 분지하며. 전체가 적등색~담홍색이고 가지 끝은 황색이다. 조직은 백색이나 상처가 나면 적갈색으로 변한다.

붉은점박이광대버섯 132

Amanita rubescens var. *rubescens* Pers.

생태형 균근균 | 포자문색 백색

광대버섯과
Amanitaceae

발생장소_ 침·활엽수림 내 땅 위에 홀로 난다.
버섯형태_ 갓은 직경 6~18cm, 처음 반구형에서 편평하게 전개된다. 표면은 적갈색이며 회백색~담갈색의 외피막 파편이 있다. 주름살은 떨어진형으로 백색이고 약간 빽빽하다. 조직은 백색이나 상처가 나면 적갈색으로 얼룩진다. 자루는 8~24×0.6~2.5cm, 담적갈색이며 아래쪽으로 짙어진다. 위쪽에 백색 막질의 턱받이가 있고, 기부는 구근상이다.
메모_ 생식하면 중독된다.

133 붉은젖버섯(호박젖버섯)

Lactarius laeticolor (S. Imai) Imazeki ex Hongo

무당버섯과
Russulaceae

생태형 균근균 | 포자문색 백색

발생장소_ 침엽수림 내(주로 전나무림) 땅 위에 발생한다.

버섯형태_ 갓은 직경 5~15cm, 중앙오목형에서 약간 깔때기모양이다. 표면은 옅은 등황색이고, 고리무늬가 있으며, 습하면 약간 점성이 있다. 주름살은 끝붙은형에서 내린형이고, 빽빽하며, 갓보다 짙은 색이다. 유액은 주색(朱色)이고, 약간 많이 분비하며, 변색성은 없다. 자루는 3~10cm×8~17mm로 달 표면의 분화구처럼 움푹 팬 자국이 있다.

비단그물버섯 134

Suillus luteus (L.) Roussel

생태형 균근균 | 포자문색 황갈색

비단그물버섯과
Suillaceae

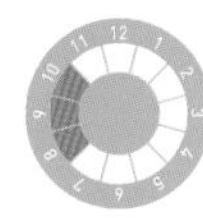

발생장소_ 소나무림 내 땅 위에 무리지어 난다.

버섯형태_ 갓은 직경 5~15cm, 반구형에서 편평하게 전개. 표면은 암적갈색~황갈색이고 점액이 덮여 있다. 갓 밑에는 처음 백색의 피막이 덮여 있지만 자라면서 파괴되고, 자루에는 막질의 턱받이, 갓 끝에는 피막조각이 남는다. 관공은 완전붙은형~약간내린형, 황록색 후에 황갈색으로 된다. 구멍은 작다. 자루는 4~7cm×7~20mm로 백색~담황색 바탕에 갈색의 낟알모양 반점이 빽빽하다.

135 빨간구멍그물버섯

Boletus subvelutipes Peck

그 물 버 섯 과
Boletaceae

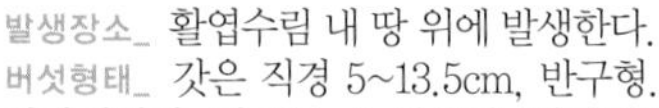

생태형 균근균 | 포자문색 황토색

발생장소_ 활엽수림 내 땅 위에 발생한다.

버섯형태_ 갓은 직경 5~13.5cm, 반구형. 표면은 우단상, 적갈색~암갈색이며, 관공은 끝 붙은형~떨어진형이고, 황색~녹황색이다. 구멍은 진홍색~적갈색, 오래되면 열어지고, 상처가 나면 푸르게 변한다. 자루는 5~14cm×10~20mm, 황색바탕에 암적색 반점이 빽빽하고, 기부는 황색~녹황색의 털이 덮여 있다.

뿔나팔버섯 136

Craterellus cornucopioides (L.) Pers.

생태형 균근균 | 포자문색 백색

꾀꼬리버섯과 Cantharellaceae

발생장소_ 숲속 땅 위에 홀로 나거나 2~3개씩 다발로 난다.
버섯형태_ 갓은 직경 1~6cm, 높이 5~10cm. 자실체는 가늘고 긴 깔때기형의 나팔모양이고, 갓 끝은 얇게 갈라지며, 물결모양이다. 표면은 흑색~흑갈색이고 인피가 덮여 있다. 자실층은 긴내린형이고, 회백색~옅은 회자색, 거의 평활하다. 자루는 3~5cm×5~18mm로 중심부는 기부까지 통해 있고, 회백색이다.

137 색시졸각버섯

Laccaria vinaceoavellanea Hongo

하이드낭기과
Hydnangiaceae

생태형 균근균 | 포자문색 백색

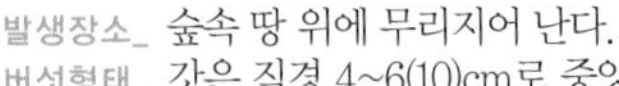

발생장소_ 숲속 땅 위에 무리지어 난다.

버섯형태_ 갓은 직경 4~6(10)cm로 중앙오목편평형이다. 전체가 선명치 않은 담홍색이고, 건조하면 옅어진다. 표면에 방사상 홈선이 있다. 주름살은 완전히 붙은 내린형이고, 성기며, 갓과 같은 색이다. 자루는 5~8cm×6~8mm, 세로줄이 있고 갓과 같은 색이다.

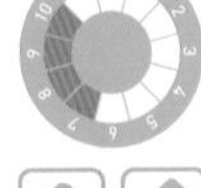

세발버섯 138

Pseudocolus schellenbergiae (Sumst.) A. E. Johnson

생태형 부생균 | 포자문색 담녹색

말 뚝 버 섯 과
Phallaceae

발생장소_ 죽림, 정원, 길가 및 숲속의 부식질 땅 위에 홀로 또는 무리지어 난다.

버섯형태_ 어린 균은 직경 1~2cm로 난형(卵形)이며 백색이다. 기부에 백색의 근상균사속이 있다. 성숙하면 열개하여 3~6개의 가지와 원기둥모양의 자루가 자라난다. 가지는 황색~등황색이며 아치형으로 구부러져 끝이 서로 결합한다. 자루는 가지보다 짧고, 속이 비고, 백색이다. 기본체는 가지 안쪽에 있고, 흑갈색 점액으로 악취를 풍긴다.

139 송이

Tricholoma matsutake (S. Ito. & S. Imai) Singer

송이버섯과
Tricholomataceae

생태형 균근균 | 포자문색 백색

발생장소_ 주로 소나무림 내 땅 위에 무리지어 나며, 균환(菌環)을 이룬다. 가끔은 소나무림 이외의 침엽수림에서도 발생한다.

버섯형태_ 갓 직경 8~30cm, 구형, 반반구형을 거쳐 중앙볼록편평형으로 전개된다. 표면은 갈색의 섬유상 인편이 덮여 있지만, 오래되면 흑갈색으로 되고 방사상으로 갈라져서 흰 살을 드러낸다. 조직은 백색, 치밀하고, 특유의 향이 있다. 주름살은 홈생긴형으로 빽빽하며, 백색이지만 나중에 갈색의 얼룩이 생긴다. 자루는 10~30cm×15~50mm로 위아래 같은 굵기 또는 위가 가는 것과 아래가 가는 것이 있다. 아래쪽에는 갓과 같은 갈색의 섬유상 인편이 덮여 있고, 영구적인 턱받이가 있다.

수원그물버섯 140

Boletus auripes Peck

생태형 균근균 | 포자문색 황토색

그물버섯과
Boletaceae

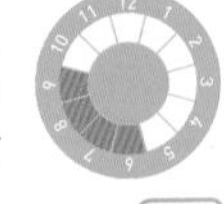

발생장소_ 활엽수림 내 땅 위에 나는 균근성 균이다.

버섯형태_ 갓은 직경 4~10cm로 반구형에서 거의 편평하게 전개된다. 표면은 평활, 황색~등황색이고, 주변부가 더 짙다. 조직은 백색~황백색이고, 관공은 떨어진형, 황색~황갈색이다. 자루는 6~11cm×13~20mm로 원통형, 그물망무늬, 갓과 같은 색이다. 기부에 황백색의 균사가 덮인다.

141 수원무당버섯

Russula mariae Peck

무당버섯과
Russulaceae

생태형 균근균 | 포자문색 백색

발생장소_ 소나무류, 참나무류나 혼합림 내 땅 위에 홀로 또는 무리지어 난다.

버섯형태_ 갓은 직경 2~5cm, 반구형에서 중앙오목형으로 된다. 표면은 습할 때 점성이 있고, 광택 없는 분말상이며 적색이나, 때로는 짙고 옅은 얼룩으로 되며, 비 등으로 퇴색하기 쉽다. 주름살은 떨어진형, 약간 빽빽하거나 또는 성기고, 백색 후 담황색으로 된다. 자루는 2~4cm×5~7mm로 갓과 같은 색이며, 조직은 백색이고 연하며 특이한 냉이향이 난다.

실콩꼬투리버섯 142

Xylaria filiformis (Alb. & Schwein.) Fr.

생태형 부생균 | 포자문색 검정색

콩꼬투리버섯과
Xylariaceae

발생장소_ 초본류, 양치식물 등의 죽은 유기체나 열매껍질에 무리지어 발생한다.

버섯형태_ 자실체는 3~10cm×0.5~15mm로 섬유상이며, 분지하지 않고, 표면은 흑색이다. 자실체 윗부분은 백색이나 끝부분은 갈색이고, 자낭각은 약간 두툼한 윗부분에 있다. 조직은 흰색이고 목질로 질기고 단단하다.

143 안장버섯

Helvella crispa (Scop.) Fr.

안 장 버 섯 과
Helvellaceae

생태형 부생균 | 포자문색 백색

발생장소_ 숲속 땅 위나 정원 등에 홀로 또는 무리지어 난다.

버섯형태_ 자실체는 높이 4~12cm, 자낭반은 직경 2~5cm로 불규칙한 말 안장형이다. 갓 끝은 물결모양 또는 갈라져 있고, 표면은 옅은 황회색이다. 자루는 3~6cm, 세로로 깊은 홈 선이 있고, 속은 비며, 백색이다.

암회색광대버섯아재비 144

Amanita pseudoporphyria Hongo

생태형 균근균 | 포자문색 백색

광 대 버 섯 과
Amanitaceae

발생장소_ 침·활엽수림 내 땅 위에 홀로 또는 무리지어 난다. 균근성 버섯.

버섯형태_ 갓은 직경 3~11cm, 처음 반구형에서 편평하게 전개된다. 표면은 회색~회갈색이고 중앙은 짙은 색이다. 갓 둘레에 외피막 파편이 남아 있지만 생장하면서 소멸된다. 조직은 백색. 주름살은 떨어진형이고 백색, 빽빽하다. 자루는 5~12cm×6~18mm로 백색이고, 표면은 약간 거스러미상이다. 위쪽에 백색 막질의 턱받이가 있고, 기부에 대주머니가 있다.

145 애광대버섯

Amanita citrina var. *citrina* (Schaeff.) Pers.

광대버섯과
Amanitaceae

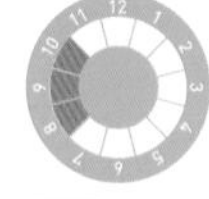

생태형 균근균 | 포자문색 백색

발생장소_ 침·활엽수림, 혼합림 내 땅 위에 홀로 또는 흩어져 난다. 균근성 버섯.

버섯형태_ 갓은 직경 3~8cm, 반구형에서 편평하게 전개된다. 표면은 담황색이며 외피막의 파편이 부착되어 있다. 주름살은 떨어진형, 백색, 약간 빽빽하다. 자루는 5~12cm로 속은 비고, 백색~담황색, 백색의 턱받이가 있으나 성숙하면 소실된다. 기부는 구근상이며, 외피막 일부가 대주머니를 형성한다.

메모_ 독특한 날감자 냄새가 난다.

애기꾀꼬리버섯 146

Cantharellus minor Peck

꾀꼬리버섯과
Cantharellaceae

생태형 균근균 | 포자문색 백색

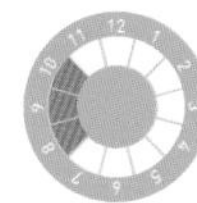

발생장소_ 숲속 땅 위 특히 이끼가 많은 곳에 흩어져 나는 균근성 균이다.

버섯형태_ 갓은 직경 0.5~3cm으로 반구형~오목편평형~깔때기형으로 전개된다. 전체가 황색이고 소형이며, 자루는 가늘다. 주름살은 내린형이고, 성기며, 황색, 때로는 교차하며 분지하지만, 상호간의 연락맥은 없다. 자루는 길이 2~3cm로 원통형이며, 평활하고, 황색~등황색이다.

147 애기방귀버섯

Geastrum mirabile Mont.

방 귀 버 섯 과
Geastraceae

생태형 부생균 | 포자문색 갈색

발생장소_ 침·활엽수림 내 낙엽 위에 무리지어 난다.

버섯형태_ 자실체는 어릴 때 0.5~1cm, 구형이다. 낙엽층 내에 백색 균사를 방석모양(mat)으로 확장하고 무리지어 난다. 표면은 갈색 솜털로 덮여 있다. 외피는 5~7조각, 별모양으로 갈라져서 컵모양으로 내피를 감싼다. 내피는 백색~담갈색으로 구형이고, 구멍부위(孔緣盤)는 섬유상으로 돌출하고 탈출공(孔口)은 거치상(鋸齒狀)으로 열린다.

앵두낙엽버섯 148

Marasmius pulcherripes Peck

생태형 부생균 | 포자문색 백색

낙엽버섯과
Marasmiaceae

발생장소_ 숲속 낙엽 위에 흩어져 나거나 무리지어 난다.

버섯형태_ 갓은 직경 0.8~1.5cm로 종형~반구형에서 편평하게 전개하며, 중앙에 작은 돌기가 있다. 표면은 담홍색~자홍색으로 방사상 홈 선이 있다. 주름살은 완전붙은형 또는 떨어진형이고, 아주 성기며, 백색~담홍색이다. 자루는 3~6cm×0.4~0.8mm로 철사 모양에 흑갈색이다.

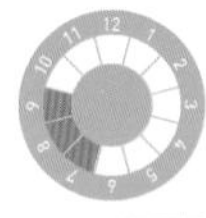

149 연두색콩두건버섯

Leotia lubrica f. *lubrica* (Scop.) Pers.

두건버섯과
Leotiaceae

생태형 부생균 | 포자문색 백색

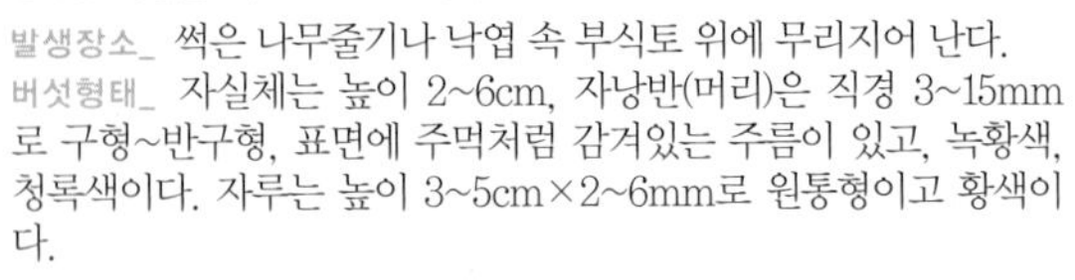

발생장소_ 썩은 나무줄기나 낙엽 속 부식토 위에 무리지어 난다.
버섯형태_ 자실체는 높이 2~6cm, 자낭반(머리)은 직경 3~15mm로 구형~반구형, 표면에 주먹처럼 감겨있는 주름이 있고, 녹황색, 청록색이다. 자루는 높이 3~5cm×2~6mm로 원통형이고 황색이다.

우산낙엽버섯 150

Marasmius cohaerens (Alb. & Schwein.) Cooke & Quél.

생태형 부생균 | 포자문색 백색

낙엽버섯과 Marasmiaceae

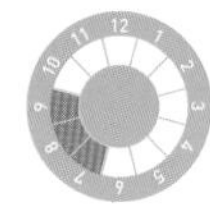

발생장소_ 활엽수림 내의 낙엽 위에 무리지어 난다.

버섯형태_ 갓은 직경 2~3.5cm, 원추형에서 중앙볼록편평형으로 전개된다. 표면은 담적갈색이고 짧은 털이 있다. 주름살은 거의떨어진형으로 성기고, 백색 후 갈색이 된다. 자루는 7~9cm×1.5~3mm로 속이 비고 각질(角質)이며, 위는 백색 아래는 암갈색이다. 기부는 솜털모양 균사로 덮인다.

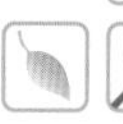

151 우산버섯

Amanita vaginata var. *vaginata* (Bull.) Lam.

광대버섯과
Amanitaceae

생태형 균근균 | 포자문색 백색

발생장소_ 소나무 등 침엽수림과 활엽수림 내 땅 위에 홀로 또는 흩어져 난다.

버섯형태_ 갓은 직경 5~7cm, 난형(卵形)~종형~반구형을 거쳐 편평하게 전개된다. 표면은 회색~회갈색, 가끔 백색의 외피막 파편이 부착한다. 갓 둘레에 방사상 홈 선이 있다. 주름살은 떨어진형으로 백색이고, 성기다. 자루는 9~12cm×10~15mm로 위쪽이 약간 가늘고, 속이 비고, 표면은 백색~담회색, 평활하거나 부드러운 솜털상 인편이 있다. 턱받이는 없고, 백색 막질의 칼집모양 대주머니가 있다.

메모_ 생식하면 중독된다.

자주국수버섯 152

Clavaria purpurea O. F. Müll.

생태형 균근균 | 포자문색 백색

국수버섯과
Clavariaceae

발생장소_ 소나무 등 침엽수림 내 땅 위에 다발로 또는 무리지어 난다.

버섯형태_ 높이 2.5~12cm, 폭 1.5~5mm, 납작한 막대형이며, 속은 비고, 전체적으로 담자색~회자색으로 아름답다. 기부에 백색 털이 난다. 조직(肉)은 백색~담자색이며, 부서지기 쉽다.

153 자주색끈적버섯

Cortinarius purpurascens (Fr.) Fr.

끈적버섯과
Cortinariaceae

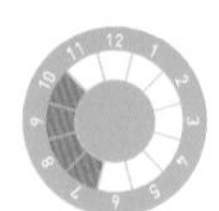

생태형 균근균 | 포자문색 갈색

발생장소_ 침·활엽수림 내 땅 위에 홀로 또는 무리지어 난다.
버섯형태_ 갓은 직경 3~8(15)cm, 반구형에서 편평하게 전개된다. 표면은 섬유상이고 습할 때 점성이 있다. 갓 중앙은 갈색~황토갈색, 주변부는 옅은 색에서 자주색으로 변한다. 주름살은 완전붙은형으로 빽빽하며, 처음 자주색~갈색에서 상처가 나면 짙은 자색으로 변한다. 자루는 3~12cm×8~20mm로 표면은 섬유상, 담자색이며, 상처가 나면 짙은 자색을 띤다. 기부는 괴경상(塊莖狀)이다.

자주졸각버섯 154

Laccaria amethystina Cooke

생태형 균근균 | 포자문색 백색

하이드낭기과
Hydnangiaceae

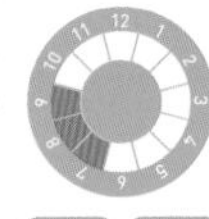

발생장소_ 숲속 땅 위나 길가에 무리지어 난다.

버섯형태_ 갓은 직경 1.5~3cm, 반구형에서 중앙부가 배꼽모양으로 움푹 패져서 오목편평형으로 전개하고, 전체가 자색을 띤다. 특히 주름은 짙은 자색을 띠지만 건조하면 주름 이외는 색이 바래서 담황갈색~담회갈색으로 된다. 주름살은 끝붙은형으로 두텁고 성기며, 자색이다. 자루는 3~7cm×2~5mm로 위아래 굵기가 같고, 섬유상이며, 갓과 같은 색이다.

155 잿빛만가닥버섯(방망이만가닥버섯)

Lyophyllum decastes (Fr.) Singer

만가닥버섯과
Lyophyllaceae

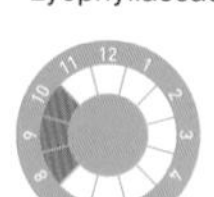

생태형 균근균 | 포자문색 백색

발생장소_ 숲속의 땅 위, 풀밭, 길가, 정원 등과 땅에 묻힌 나무의자나 기둥 등에도 균사가 퍼져 다발로 난다.

버섯형태_ 갓은 직경 4~9cm, 반구형에서 편평하게 전개된다. 표면은 회갈색, 담회흑색, 황갈색을 띠고 노숙하면 옅어진다. 주름살은 완전붙은형, 홈생긴형 또는 약간내린형이고, 빽빽하며 백색이다. 자루는 5~8cm×7~10mm로 위아래가 같거나 아래가 약간 두텁고, 섬유상이며, 백색~담황갈색이다.

절구버섯 156

Russula nigricans (Bull.) Fr.

생태형 균근균 | 포자문색 백색

무당버섯과
Russulaceae

발생장소_ 침·활엽수림 내 땅 위에 흩어져 나거나 무리지어 난다.
버섯형태_ 갓은 직경 8~15cm, 반구형에서 중앙오목형~얕은 깔때기형으로 된다. 표면은 탁한 백색이나 점차 암갈색~흑색으로 되고, 주름살은 완전붙은형에 성기고, 처음은 백색 후에 흑색으로 된다. 자루는 3~8cm×10~30mm로 두텁고 짧으며, 갓과 같은 색이고, 조직은 백색이지만 절단하면 적변하고, 결국에는 흑변한다.
메모_ 생식하면 중독된다.

157 점토주발버섯

Peziza praetervisa Bres.

주발버섯과
Pezizaceae

생태형 부생균 | 포자문색 흰색

발생장소_ 숲속 땅 위나 정원, 모닥불 자리 등에 홀로 또는 무리지어 난다.

버섯형태_ 자실체는 직경 1~4cm, 어릴 때는 컵~주발모양, 성장하면서 접시모양으로 약간 넓게 벌어지며 자루는 없다. 자실층은 아름다운 연보라색 후 갈색~적갈색, 바깥면은 청자색이고, 과립물이 붙어 있다.

접시껄껄이그물버섯 158

Leccinum extremiorientale (Lar. N. Vassiljeva) Singer

생태형 균근균 | 포자문색 백색

그물버섯과
Boletaceae

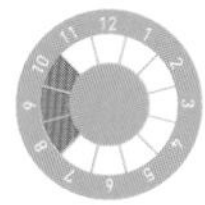

발생장소_ 활엽수림 내 땅 위에 홀로 난다.
버섯형태_ 갓은 직경 7~25cm, 반구형에서 편평하게 전개, 표면은 우단상, 짙은 황갈색 또는 갈색을 띤 등색, 건조하거나 성숙하면 사람의 뇌모양으로 갈라져서 담황색의 조직을 드러낸다. 관공은 끝붙은형으로 황색 후 황록색으로 변하며, 구멍은 작다. 자루는 5~15cm×25~50mm로 황색 바탕에 미세한 황갈색 반점이 빽빽하다. 조직은 아주 두텁고 치밀하며 백색~황색이다.

159 젖버섯(굴털이)

Lactarius piperatus (L.) Pers.

무당버섯과
Russulaceae

생태형 균근균 | 포자문색 백색

발생장소_ 활엽수림과 혼합림 내 땅 위에 무리지어 난다.
버섯형태_ 갓은 직경 4~18cm, 중앙오목반구형에서 깔때기모양으로 된다. 표면에 점성은 없고 주름이 있으며, 백색 후 담황색을 띠고, 가끔 황갈색 얼룩이 생긴다. 주름살은 내린형이고, 아주 빽빽하며, 표면과 같은 색이다. 상처가 나면 백색의 유액이 다량 분비된다. 자루는 3~9×1~3cm로 백색이고 내부는 치밀하다. 매운맛이 있다.

젖버섯아재비 160

Lactarius hatsudake Tanaka

생태형 균근균 | 포자문색 담황색

무 당 버 섯 과
Russulaceae

발생장소_ 소나무, 곰솔 등 소나무림 내 땅 위에 홀로 또는 무리지어 난다.

버섯형태_ 갓은 직경 5~10cm, 중앙오목형에서 약간 깔때기모양을 띤다. 표면은 황갈색~담황색, 짙은 고리무늬가 있고, 습하면 점성이 있다. 주름살은 끝붙은형에 내린형이고, 빽빽하며, 붉은 포도주색이다. 상처가 나면 암적색의 유액이 스며 나오고, 청록색 얼룩으로 변하며, 오래되면 전체가 변한다. 자루는 2~5×1~2cm로 갓과 같은 색이다.

161 젖비단그물버섯

Suillus granulatus (L.) Roussel

비단그물버섯과
Suillaceae

생태형 균근균 | 포자문색 황갈색

발생장소_ 소나무와 곰솔 등 소나무림 내 땅 위에 무리지어 난다.
버섯형태_ 갓은 직경 4~10cm, 반구형에서 편평하게 전개된다. 표면은 황갈색, 강한 점성이 있다. 관공은 완전붙은형~약간내린형, 황색 후에 황갈색으로 되며, 구멍은 작고 어릴 때 황백색 유액을 분비한다. 자루는 5~6cm×7~18mm로 황백색~황색 바탕에 갈색 반점이 있다.

제주쓴맛그물버섯 162

Tylopilus neofelleus Hongo

생태형 균근균 | 포자문색 분홍색

그 물 버 섯 과
Boletaceae

발생장소_ 침·활엽수림 내 땅 위에 발생한다.
버섯형태_ 갓은 직경 6~11cm, 반구형에서 편평형으로 전개. 표면은 황록갈색~홍갈색, 약간 우단상이고 점성은 없다. 관공은 끝붙은형~거의 떨어진형이며, 백색 후 담홍색을 띠고, 구멍은 작고 담홍색~포도주색이다. 자루는 6~11cm×15~25mm로 갓과 같은 색이고, 조직은 백색으로 강한 쓴맛이 있다.

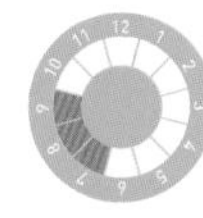

163 졸각버섯

Laccaria laccata (Scop.) Berk & Br.

하 이 드 낭 기 과
Hydnangiaceae

생태형 균근균 | 포자문색 백색

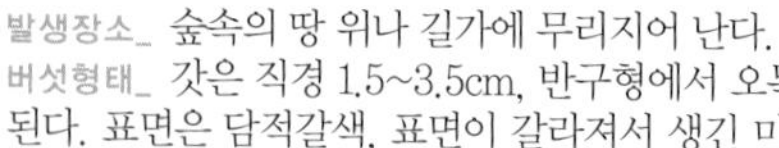

발생장소_ 숲속의 땅 위나 길가에 무리지어 난다.
버섯형태_ 갓은 직경 1.5~3.5cm, 반구형에서 오목편평형으로 전개된다. 표면은 담적갈색, 표면이 갈라져서 생긴 미세한 인편이 빽빽하다. 주름살은 끝붙은형에 성기며, 담홍색이다. 자루는 3~5cm×2~3mm로 갓과 같은 색이다. '자주졸각버섯' 과 유사하지만 주름이 담홍색이고, 자루의 기부에 자색의 균사는 없다.

좀노란그물버섯 164

Boletellus obscurococcineus (Höhn.) Singer

생태형 균근균 | 포자문색 황토색

그물버섯과
Boletaceae

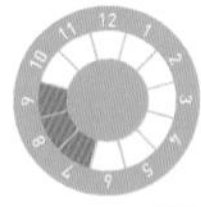

발생장소_ 소나무와 참나무 등 혼합림 내 땅 위에 난다.
버섯형태_ 갓은 직경 3~6cm, 반반구형 또는 거의 편평하게 전개된다. 표면은 담홍색, 홍갈색 또는 진홍색. 관공은 처음 황색이고, 후에 황록색. 자루는 3~7.5cm×5~10mm, 핑크색 바탕에 짙은 세로 무늬가 있고, 담홍색의 비듬모양 미세인편이 빽빽이 덮여 있다. 기부는 백색 솜털상이고, 조직은 담황색이며 약간 청변성(青變性)이 있고, 맛은 쓰다.

165 좀말불버섯

Lycoperdon pyriforme Schaeff.

주름버섯과
Agaricaceae

생태형 부생균 | 포자문색 갈색

발생장소_ 숲속의 낙엽층 위 또는 썩은 나무줄기나 가지 위에 무리지어 난다.

버섯형태_ 자실체는 2~5×1.5~3cm, 서양 배모양이다. 표면은 백색~황갈색이고, 분말상~비듬상으로 되었다가 벗겨져 탈락한다. 성숙하면 갈변되고, 광택이 있는 막질의 내피를 남기고, 구멍(頂孔)을 연다. 측면을 누르면 암갈색의 포자가 분출된다.

메모_ 어린 자실체만 식용한다

주름버섯 166

Agaricus campestris var. *campestris* L.

생태형 부생균 | 포자문색 갈색

주름버섯과
Agaricaceae

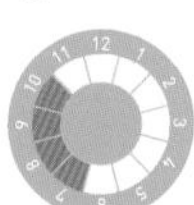

발생장소_ 비옥한 풀밭이나 잔디밭 등에 무리지어 나고, 균환을 만들기도 한다.

버섯형태_ 갓은 반구형에서 편평하게 전개되고, 직경은 5~10cm, 백색~담황색(담적색)이다. 주름살은 떨어진형, 빽빽하며, 담홍색~자갈색~흑갈색으로 변하고, 자루는 5~10cm, 위쪽에 막질의 턱받이가 있다.

메모_ 양송이와 비슷하고 서양인이 선호하는 식용버섯이다.

167 진갈색주름버섯

Agaricus subrutilescens (Kauffman) Hotson & D. E. Stuntz.

주름버섯과
Agaricaceae

생태형 부생균 | 포자문색 갈색

발생장소_ 숲속 특히 침엽수림이나 땅 위에 홀로 또는 무리지어 난다. 낙엽분해균.

버섯형태_ 갓은 반구형에서 편평하게 전개되고, 직경은 7~20cm, 표면은 백색이나 자갈색의 인편이 주로 중앙에 밀집되어 있다. 주름살은 떨어진형, 아주 빽빽하며, 백색~핑크색~흑갈색으로 변한다. 자루는 9~20cm로 속이 비고, 백색 바탕에 섬유상 인편이 있고, 큰 턱받이가 위쪽에 있다.

메모_ 체질에 따라서는 위통을 일으킨다

진빨간무명버섯 168

Hygrocybe coccinea (Schaeff.) P. Kumm.

생태형 균근균 | 포자문색 백색

벚꽃버섯과
Hygrophoraceae

발생장소_ 풀밭이나 숲속 땅 위에 무리지어 난다.
버섯형태_ 갓은 직경 2~5cm, 원추형~반구형을 거쳐 편평하게 전개된다. 표면은 진홍색, 색이 바래지면 등황색~황색으로 퇴색한다. 주름살은 완전붙은형 또는 끝붙은형이고, 약간 빽빽하며 갓과 같은 색이다. 자루는 5~6cm×5~13mm, 섬유상 줄무늬가 있고, 갓과 같은 색이다.

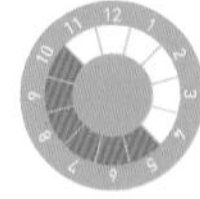

169 청머루무당버섯

Russula cyanoxantha (Schaeff.) Fr.

무당버섯과
Russulaceae

생태형 균근균 | 포자문색 백색

발생장소_ 혼합림 등 숲속 땅 위에 흩어져 난다.
버섯형태_ 갓은 직경 6~10cm, 반구형에서 중앙오목편평형~깔때기형으로 된다. 표면은 평활, 점성이 있고, 자색, 담홍색, 청색, 녹색, 황록색 등 변화가 아주 많고, 동심원상으로 색의 옅고 짙음이 나타난다. 주름살은 약간내린형이고, 약간 빽빽하고, 백색이다. 자루는 4~5cm×13~20mm로 백색이다.

큰갓버섯(갓버섯) 170

Macrolepiota procera var. *procera* (Scop.) Singer

생태형 부생균 | 포자문색 백색

주름버섯과
Agaricaceae

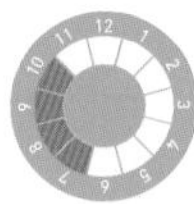

발생장소_ 대나무숲, 혼효림 또는 길가 풀밭이나 목장 등에 홀로 또는 흩어져 난다.

버섯형태_ 갓은 직경 8~20cm, 처음 난형(卵形)~구형에서 중앙볼록편평형으로 된다. 표면은 담회갈색 바탕에 표피가 갈라지면서 생긴 적갈색 인편이 산재한다. 주름살은 떨어진형, 백색, 빽빽하다. 자루는 15~30cm, 속은 비고, 표면에 갈색~회갈색의 인편이 얼룩덜룩 붙어 있다. 기부는 구근상(球根狀)이고, 턱받이는 두텁고 가동적(可動的)으로 상하로 이동한다.

메모_ 대형이며 맛있는 버섯이다

171 큰낙엽버섯

Marasmius maximus Hongo

낙엽버섯과
Marasmiaceae

생태형 부생균 | 포자문색 백색

발생장소_ 숲, 대나무밭, 정원 등의 땅 위나 낙엽 위에 다발 또는 무리지어 난다. 낙엽분해균.

버섯형태_ 갓은 직경 3~10cm, 종형~반구형에서 중앙볼록편평형으로 전개된다. 표면에 방사상 홈 선이 있고, 담황색~담황갈색, 중앙부는 갈색, 건조하면 백색이 된다. 주름살은 끝붙은형이거나 떨어진형이고, 성기며, 갓보다 옅은 색이다. 자루는 5~9cm × 2~3.5mm로 위아래 굵기가 같고, 표면은 섬유상이고 질기며, 담황갈색이다.

큰눈물버섯 172

Lacrymaria lacrymabunda (Bull.) Pat.

생태형 부생균 | 포자문색 흑색

눈물버섯과
Psathyrellaceae

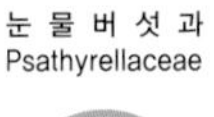

발생장소_ 숲속, 길가, 풀밭 등에 무리지어 난다.
버섯형태_ 갓은 직경 2~10cm, 표면은 갈색~황갈색, 섬유상 인편이 빽빽이 덮여 있고, 갓 끝에 내피막의 일부가 남아 있다. 주름살은 완전 붙은 또는 끝붙은형, 빽빽하고 처음은 백색, 후에 짙은 자갈색으로 되며, 흑색 반점이 생긴다. 자루는 3~10cm×3~10mm로 표면에 갓과 같은 색의 섬유가 덮여 있다. 턱받이는 섬유상이고 백색이지만 포자가 부착되어 흑색으로 된다.

173 큰비단그물버섯

Suillus grevillei (Klotzsch) Singer

비단그물버섯과
Suillaceae

생태형 균근균 | 포자문색 황갈색

발생장소_ 낙엽송림 내 땅 위에 무리지어 난다. 균환(菌環)을 만든다.
버섯형태_ 갓은 직경 4~15cm, 반구형에서 편평하게 전개된다. 표면은 황금색~암적갈색이고 점액이 두껍게 덮여 있다. 어릴 때 갓 밑에 막으로 씌워 있지만 자라면서 파괴되어 자루 위쪽에 턱받이로 남는다. 관공은 완전붙은형~약간내린형, 황색에서 갈색으로 변하며, 구멍은 작고 다각형이다. 자루는 3~8cm×10~20mm로 관공과 동일한 변색을 보인다. 턱받이 위쪽은 그물망무늬, 아래쪽은 섬유상이고 점성이 있다.

큰주머니광대버섯 174

Amanita volvata (Peck) Martin

광대버섯과
Amanitaceae

생태형 균근균 | 포자문색 백색

발생장소_ 숲속 땅 위에 홀로 또는 무리지어 난다.
버섯형태_ 갓은 직경 5~8cm, 처음 종형에서 편평하게 전개된다. 표면은 백색이며 담홍갈색의 분말~솜털상 인편이 있고, 때로는 큰 외피막의 파편이 부착되기도 한다. 주름살은 떨어진형이고 빽빽하며, 백색에서 후에 담홍갈색을 띤다. 자루는 6~14cm×5~10mm, 백색, 아래쪽으로 두텁고, 갓과 같은 인편이 덮여 있다. 턱받이는 없고, 대형, 막질의 대주머니는 백색~담홍갈색이다.
메모_ 맹독버섯이다.

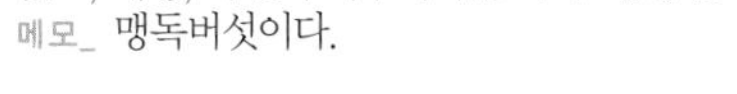

175 턱수염버섯

Hydnum repandum L.

턱수염버섯과
Hydnaceae

생태형 균근균 | 포자문색 백색

발생장소_ 숲속 땅 위에 무리지어 나며, 균환(菌環)을 형성한다.
버섯형태_ 갓은 직경 2~10cm, 반구형에서 중앙이 약간 오목하게 되지만 불규칙한 기복이 있어 부정형이고, 전체가 난황색~황색이다. 표면은 평활하고, 아랫면의 자실층은 2~5mm의 긴 침상돌기가 있다. 자루는 약간내린형이고, 2~5cm×5~15mm이며, 측생한다. 조직은 두텁고 부드럽다.

털귀신그물버섯(솔방울귀신그물버섯)

176

Strobilomyces confusus Singer

생태형 균근균 | 포자문색 흑색

그물버섯과
Boletaceae

발생장소_ 활엽수림과 침엽수와의 혼합림 내 땅 위에 홀로 또는 흩어져 난다.

버섯형태_ 갓은 직경 3~10cm, 반구형~편평형으로 전개. 표면은 회색~회갈색이고, 암갈색~흑색, 뿔~가시모양의 인편이 빽빽이 덮여 있다. 갓 끝에는 피막의 잔류물이 붙어있고, 조직은 백색이나 상처가 나면 적갈색~흑색으로 변한다. 관공은 비교적 길고, 완전붙은형 또는 홈생긴형이고, 백색~회백색에서 암회색~흑색으로 된다. 관공은 크고, 다각형이다. 자루는 5~10cm×5~15mm, 회색~암회색이며, 기부는 거의 흑색이다.

177 테두리방귀버섯

Geastrum fimbriatum Fr.

방귀버섯과
Geastraceae

생태형 부생균 | 포자문색 갈색

발생장소_ 숲속 부식토 위나 낙엽 위에 무리지어 난다.

버섯형태_ 자실체는 어릴 때 0.8~2cm, 구형이고 담적갈색이다. 성숙하면 외피가 5~10개의 조각으로 갈라져서 별모양으로 전개된다. 외피의 내층은 평활하고 백색~담홍색~황갈색으로 변하며, 반전하여 아래쪽으로 말린다. 내피는 평활하고 자루가 없으며, 백색 후에 담갈색으로 된다. 탈출공(孔口)을 둘러싼 원좌(圓座)는 뚜렷하지 않고, 구멍주위(孔緣盤)는 가늘게 쪼개진다.

톱니겨우살이버섯 178

Coltricia cinnamomea (Jacq.) Murrill

생태형 부생균 | 포자문색 백색

소나무비늘버섯과
Hymenochaetaceae

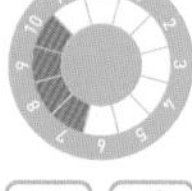

발생장소_ 숲속 땅 위나 산길, 임도 등 사면이나 절개지에 발생한다.
버섯형태_ 갓은 직경 1~4cm, 높이 3~5cm, 두께 1.5~3mm, 중심은 배꼽모양으로 약간 오목하고, 얇은 가죽질이다. 표면은 적갈색~황갈색이며, 동심의 둥근무늬와 방사상의 섬유무늬를 띠며, 비단광택이 있다. 갓 둘레는 톱니상이고, 갓 아래 관공은 1~2mm 깊이, 구멍은 다각형이다. 자루는 내린형이며, 1~4cm×2~5mm 크기, 원통형이며, 표면은 우단상으로 암갈색이다.

179 하늘색때기버섯

Clitocybe odora (Bull.) P. Kumm.

송이버섯과
Tricholomataceae

생태형 부생균 | 포자문색 백색

발생장소_ 활엽수림내 땅 위나 낙엽 사이에 홀로 또는 흩어져 난다.
버섯형태_ 갓은 직경 3~8cm, 반반구형에서 편평해지고, 깔때기모양으로 된다. 표면은 평활하고, 엷은 회록색~청록색, 처음에는 갓끝이 안쪽으로 말리고, 조직은 백색이다. 주름살은 완전붙은형에 내린형이고, 백색~담황색~담녹색으로 변하며, 빽빽하다. 자루는 3~8cm×4~6㎜, 섬유상이고, 담녹색. 기부는 백색 솜털로 덮여 있다.

향버섯(능이, 노루털버섯) 180

Sarcodon imbricatus (L.) P. Karst.

생태형 균근균 | 포자문색 담갈색

반케라과
Bankeraceae

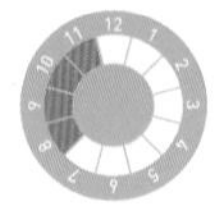

발생장소_ 활엽수림과 소나무와의 혼합림 내 땅 위에 무리지어 나는 균근성버섯이다.

버섯형태_ 갓은 직경 10~25cm, 높이 10~20cm, 편평형에서 깔때기형~나팔꽃형으로 된다. 중심은 자루 기부까지 뚫려 있다. 표면에는 거칠고 큰 인편이 빽빽하고, 어릴 때 연분홍을 띤 담갈색에서 홍갈색~흑갈색으로 되며, 건조하면 흑색이 된다. 조직은 3~5mm 두께, 건조하면 강한 향을 낸다. 밑면의 침은 1cm 내외로 자루 아래까지 나고, 회백색에서 암갈색으로 된다. 자루는 3~6cm×10~20mm이다.

181 혈색무당버섯

Russula sanguinea (Bull.) Fr.

무당버섯과
Russulaceae

생태형 균근균 | 포자문색 백색

발생장소_ 소나무 등 침엽수림 내 땅 위에 홀로 또는 무리지어 난다.
버섯형태_ 갓은 직경 4~10cm, 반구형에서 중앙오목편평형으로 된다. 표면은 진홍색으로 습할 때 점성이 있고, 갓 둘레는 평탄 또는 짧은 홈 선이 있다. 주름살은 끝이 붙고 약간내린형으로 빽빽하고 백색 후 크림색으로 변하며, 자루는 3~7cm×9~30mm로 표면에 세로로 주름이 있다. 조직은 치밀하고 강한 매운맛이 있다.

화병무명버섯 182

Hygrocybe cantharellus (Schwein.) Murrill

생태형 균근균 | 포자문색 백색

벚꽃버섯과 Hygrophoraceae

발생장소_ 소나무림 등의 땅 위에 홀로 또는 무리지어 난다.

버섯형태_ 갓은 직경 1~3.5cm, 반반구형에서 때로는 중앙부가 약간 오목하다. 표면에 미세 인편이 있고, 선홍색~주홍색이다. 주름살은 긴내린형으로 성기며, 황색~등황색이다. 자루는 4~9cm×1.5~4mm로 속이 비고, 선홍색이다.

183 황갈색머리말뚝버섯

Mutinus boninensis Lloyd

말뚝버섯과
Phallaceae

생태형 부생균 | 포자문색 담녹색

발생장소_ 혼합림 내 땅 위나 썩은 나무 위에 흩어져 난다.
버섯형태_ 어린 균은 작고, 난형(卵形)이며 백색이다. 성숙하면서 열개하여 높이 3~4cm, 굵기 5~8mm 크기의 자루로 자라난다. 자루는 원통형이고 속이 비며 머리 쪽이 가늘어진다. 머리부분에 고리무늬의 가로 주름이 있고, 적색~적갈색, 자루부분과 뚜렷이 구별된다. 기본체는 머리 부분에 붙고, 과일향이 있다. '뱀버섯', '끝검은뱀버섯'과 유사하나, 머리부분과 자루부분의 경계선이 명료한 것과 머리부분에 고리무늬로 커피색 가로주름이 있는 점이 다르다.

황금나팔꾀꼬리버섯 184

Cantharellus luteocomus H. E. Bigelow

생태형 **균근균** | 포자문색 **백색**

꾀꼬리버섯과
Cantharellaceae

발생장소_ 소나무림 내 땅 위에 균환(菌環)을 이루며 무리지어 난다.
버섯형태_ 갓은 직경 1~3cm, 전체가 옅은 홍색~연분홍색인 가냘픈 버섯이다. 때로는 갓과 자루가 담황색~백색인 것도 있다. 갓 표면에 점성은 없고 껄끄럽다. 자실층은 주름상이고 평활하며, 자루는 속이 비었다.

185 황금싸리버섯

Ramaria aurea (Schaeff.) Quél.

나팔버섯과
Gomphaceae

생태형 균근균 | 포자문색 황갈색

발생장소_ 숲속 땅 위에 홀로 또는 무리지어 난다.
버섯형태_ 자실체는 높이 5~12cm 정도로 약간대형이고, 나뭇가지 모양으로 심하게 분지한다. 뿌리를 뺀 전체가 황금색이다. 기부(뿌리)는 굵고 백색이다. 조직도 백색, 변색하지 않고, 잘 부서진다.

황금씨그물버섯(진갈색먹그물버섯) 186

Xanthoconium affine (Peck) Singer

생태형 균근균 | 포자문색 갈색

그물버섯과
Boletaceae

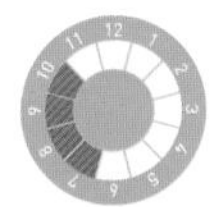

발생장소_ 활엽수림 또는 혼효림 내 땅 위에 홀로 나거나 무리지어 난다.

버섯형태_ 갓은 직경 3~8cm, 반구형에서 편평형으로 전개. 표면은 적갈색~암갈색 후에 황갈색으로 되고, 습하면 점성이 있다. 관공은 자루 주위가 약간 함입(陷入)하고, 담홍색 후 등갈색. 구멍은 작고 상처가 나면 짙은 색으로 변한다. 자루는 5~12cm×8~12mm, 평활하거나 미세한 분말상, 위쪽과 기부는 백색, 나머지는 갓과 동색이며, 백색의 세로선무늬가 있다.

187 황소비단그물버섯

Suillus bovinus (Pers.) Roussel

비단그물버섯과
Suillaceae

생태형 균근균 | 포자문색 황갈색

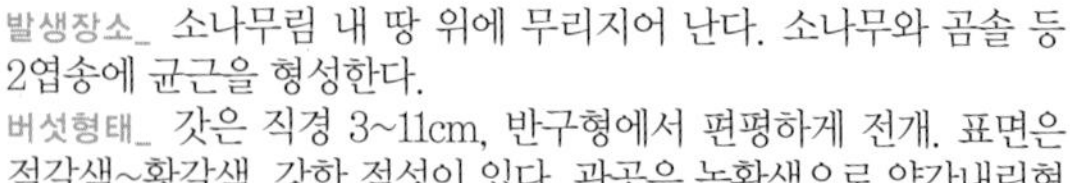

발생장소_ 소나무림 내 땅 위에 무리지어 난다. 소나무와 곰솔 등 2엽송에 균근을 형성한다.

버섯형태_ 갓은 직경 3~11cm, 반구형에서 편평하게 전개. 표면은 적갈색~황갈색, 강한 점성이 있다. 관공은 녹황색으로 약간내린형이고, 구멍은 다각형으로 크기가 다르며 방사상으로 배열되고, 자루는 3~6cm×5~10mm로 갓보다 얇다. 조직은 상처에도 변색하지 않는다.

황토색어리알버섯 188

Scleroderma citrinum Pers.

생태형 부생균 | 포자문색 자주색

어리알버섯과
Sclerodermataceae

발생장소_ 숲속의 모래땅이나 황무지, 정원 등에 난다.
버섯형태_ 자실체는 구형에 가깝고, 직경 2~5cm, 기부는 물결모양이고 자루가 없다. 각피는 황갈색~갈색, 자르면 담홍색이 된다. 성숙한 후 불규칙한 조각들로 터진다. 기본체는 회색 후 흑색, 백색 그물모양의 융기(隆起)가 있다.

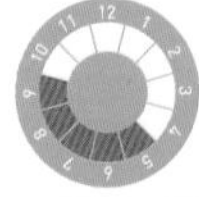

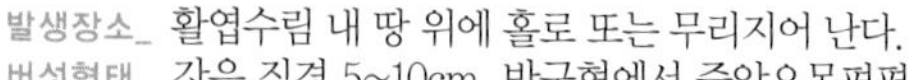

189 흙무당버섯

Russula senecis S. Imai

무당버섯과
Russulaceae

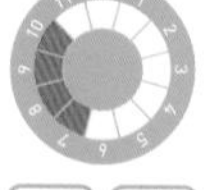

생태형 균근균 | 포자문색 백색

발생장소_ 활엽수림 내 땅 위에 홀로 또는 무리지어 난다.

버섯형태_ 갓은 직경 5~10cm, 반구형에서 중앙오목편평형으로 된다. 표면은 황갈색, 갓 둘레에는 방사상 홈 선이 있다. 주름살은 떨어진형, 약간 빽빽하고, 백색~황백색, 자루는 5~10cm×10~15mm, 황색 바탕에 갈색~흑갈색의 미세반점이 있다. 조직은 냄새가 있고, 맛은 맵다.

흰가시광대버섯 190

Amanita virgineoides Bas

생태형 균근균 | 포자문색 백색

광대버섯과
Amanitaceae

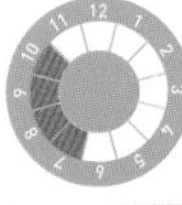

발생장소_ 혼합림 내 땅 위에 홀로 난다.
버섯형태_ 갓은 직경 9~20cm, 반구형을 거쳐 편평하게 전개된다, 표면은 백색이고 분말이 덮여 있으며, 1~3mm 크기의 뾰족한 돌기(외피막의 파편)가 많은데 쉽게 탈락한다. 갓 끝에 내피막 파편이 붙어 있다. 마르면 강한 향이 있다. 주름살은 떨어진형, 백색~크림색, 약간 빽빽하다. 자루는 12~22cm×15~25mm, 백색, 속은 비고, 표면에 솜털상 인편이 빽빽이 덮여 있다. 기부는 곤봉형이고, 갓과 같은 돌기가 무수히 많아 고리모양을 이루고 있다. 대형 턱받이가 맨 위쪽에 있다.

191 흰굴뚝버섯

Boletopsis perplexa Watling & J. Milne

반 케 라 과
Bankeraceae

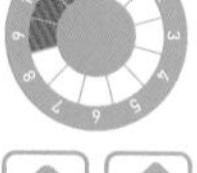

생태형 균근균 | 포자문색 담갈색

발생장소_ 소나무, 전나무 등 침엽수림 내 땅 위에 무리지어 난다.
버섯형태_ 갓은 직경 5~20cm, 원형~반구형~편평형으로 전개된다. 표면은 회백색에서 흑색으로 되고, 미세한 털이 덮여 무두질한 가죽촉감이다. 조직은 백색이지만 상처가 나면 적자색으로 변하고, 쓴맛이 있다. 자실층은 관공상이며, 깊이 1~2mm, 구멍은 원형이지만 점차 커져서 모양은 깨진다. 자루는 2~10cm×10~25mm, 중심생, 원통형, 짧은 털이 있고, 갓과 같은 색이다.

흰주름버섯 192

Agaricus arvensis Schaeff.

생태형 부생균 | 포자문색 갈색

주름버섯과
Agaricaceae

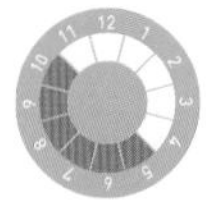

발생장소_ 숲속 풀밭, 목초지, 잔디밭 등에 홀로 또는 무리지어 난다. 균환을 만들기도 한다.

버섯형태_ 갓은 처음 반구형에서 편평하게 전개되고, 직경은 8~20cm, 백색~담황색이다. 주름살은 떨어진형, 아주 빽빽하고 백색~회홍색~흑갈색으로 변한다. 손에 닿으면 황변한다. 자루는 9~15cm로 속은 비었다. 위쪽에 백색 막질의 턱받이가 있다.

우리 버섯* 200가지

이끼, 곤충, 다른 버섯에서 주로 나는 버섯

193 애이끼버섯

Rickenella fibula (Bull.) Raithelh.

미확정분류과
Incertae sedis

생태형 균근균 | 포자문색 백색

발생장소_ 숲속, 정원, 초원 등 이끼가 많은 곳에 난다.

버섯형태_ 갓은 직경 0.5~1cm로 아주 작고, 종형~중앙오목반구형이다. 표면은 등색~등황색, 중앙이 짙고, 갓 끝은 파도형이며, 둘레에 방사상 선이 있다. 주름살은 긴내린형, 성기고 백색이며, 자루는 2~6cm×1mm, 갓과 같은 색이다.

덧부치버섯 194

Asterophora lycoperdoides (Bull.) Ditmar

생태형 기생균 | 포자문색 백색

만가닥버섯과
Lyophyllaceae

발생장소_ 굴털이, 절구버섯 등의 노화된 자실체 위에 기생한다.
버섯형태_ 갓은 직경 0.4~2.2cm, 반구형~반반구형. 표면은 최초 백색, 성숙하면 중앙부에서부터 담갈색의 분말상 후막포자가 생성된다. 주름살은 성기고, 두꺼우며 백색이다. 자루는 0.5~6cm×1.5~4mm, 백색이고, 기부는 갈색이다.

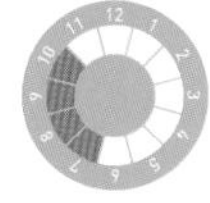

195 노린재동충하초

Cordyceps nutans Pat.

동 충 하 초 과
Cordycipitaceae

생태형 기생균 | 포자문색 백색

발생장소_ 활엽수림 내 땅속 또는 낙엽 속의 죽은 노린재 성충에 형성된다.

버섯형태_ 충체의 가슴과 배 사이 마디에서 1~3개의 자좌가 형성된다. 자좌는 전체길이 5~17cm이고, 4~10×1~2mm 크기의 머리부분과 3~12×1~2mm의 자루부분으로 이루어져 있다. 머리는 방추형~원주형, 등황색이고, 여기에 자낭각이 묻혀 있다.

녹강균 196

Metarhizium anisopliae (Metschn.) Sorokīn

생태형 기생균 | 포자문색 녹색

맥각균과 Clavicipitaceae

발생장소_ 대벌레, 사마귀, 메뚜기 등 다양한 곤충에 발생한다.
버섯형태_ 이 균에 감염된 곤충은 처음에는 온 몸이 흰색을 띠는 포자와 균사로 뒤덮이고, 후에 균사와 포자가 발달하면서 초록빛을 띠게 된다.

197 동충하초(번데기동충하초, 붉은동충하초)

Cordyceps militaris (L.) Link

동충하초과
Cordycipitaceae

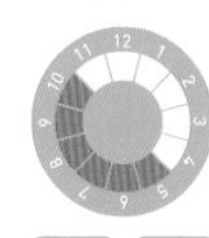

생태형 기생균 | 포자문색 백색

발생장소_ 산과 들의 땅속 죽은 나비류의 번데기에 발생한다.
버섯형태_ 하나의 번데기에 1~5개의 자좌를 형성한다. 높이 1~7cm, 곤봉형~원통형, 자좌는 진한 주황색의 머리부분과 옅은 살색의 자루로 구성된다. 자낭각은 반돌출형으로 머리부분에 빽빽하게 분포하고, 자루는 직경 1~6mm, 원통형이다.

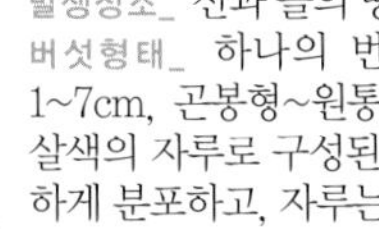

백강균

198

Beauveria bassiana (Bals. -Criv.) Vuill.

생태형 기생균 | 포자문색 백색

동충하초과
Cordycipitaceae

발생장소_ 메뚜기, 매미, 딱정벌레 등 다양한 곤충에 발생한다.
버섯형태_ 이 균에 감염된 곤충은 처음에는 몸속에 균사가 가득 차 죽게 되고, 마디마디에 백색의 포자와 균사가 자라나온다.

199 벌동충하초

Ophiocordyceps sphecocephala (Klotzsch ex Berk.) G. H. Sung, J. M. Sung, Hywel-Jonies & Spatafo

동충하초과
Cordycipitaceae

생태형 기생균 | 포자문색 백색

발생장소_ 활엽수림 내 땅속 및 낙엽 밑의 죽은 벌 성충에 발생한다.
버섯형태_ 충체의 머리와 가슴부분 마디에 1~3개의 자좌를 형성한다. 전체길이 4~10cm, 담황색, 머리는 직경 1~2mm, 장타원형~럭비공모양, 자루는 가늘고 길며 두께 0.5~1mm이다. 자낭각은 머리에 비스듬히 묻힌형이다.

애기눈꽃동충하초 200

Paecilomyces tenuipes (Peck) Samson

생태형 기생균 | 포자문색 백색

트리코코마과
Trichocomaceae

발생장소_ 나비목 번데기에 발생한다.
버섯형태_ 분생자경을 만드는 불완전세대형 동충하초이며 자실체(자좌) 크기 3~7.5cm, 담황색 자루와 나뭇가지모양의 머리로 이루어진다. 밀가루 같은 분생포자 덩어리가 머리에 덮여 있고, 바람 등에 의하여 쉽게 날아가 흩어진다.

국명*찾아보기

학명*찾아보기

우리 산에서 만나는 버섯 200가지
200 Mushrooms of Forest in Korea

초판 1쇄 발행 2009년 12월 24일
초판 11쇄 발행 2020년 5월 25일

지은이 국립수목원
집필 김현중, 한상국
편집기획 조동광, 신창호, 오승환, 한상국

펴낸곳 지오북(**GEO**BOOK)
펴낸이 황영심
디자인 김길례

주소 서울특별시 종로구 새문안로 5가길 28, 1015호
(적선동 광화문플래티넘)
Tel_ 02-732-0337
Fax_ 02-732-9337
eMail_ book@geobook.co.kr
www.geobook.co.kr

출판등록번호 제300-2003-211
출판등록일 2003년 11월 27일

ISBN 978-89-959394-9-9 06400